Stress und Life-History weiblicher Hausmeerschweinchen in instabiler sozialer Umwelt

Inaugural-Dissertation
zur Erlangung des Doktorgrades
der Fakultät Biologie, Chemie und Geowissenschaften
der Universität Bayreuth

1999
vorgelegt von

Rüdiger Beer

aus Nürnberg

Die vorliegende Arbeit wurde in der Zeit von Februar 1991 bis Juni 1999 am Lehrstuhl für Tierphysiologie der Universität Bayreuth unter der Leitung von Prof. Dr. D. von Holst angefertigt.

Vollständiger Abdruck der von der Fakultät Biologie, Chemie und Geowissenschaften der Universität Bayreuth genehmigten Dissertation zur Erlangung des Grades eines Doktors der Naturwissenschaften - **Dr. rer. nat.** -

Promotionsgesuch eingereicht am 24.6.1999
Tag des wissenschaftlichen Kolloquiums am 5.8.1999

Erster Gutachter: Prof. Dr. D. von Holst
Zweiter Gutachter: Prof. Dr. N. Sachser

Inhalt

I EINLEITUNG 1

    I.1 STRESSKONZEPTE 1

    I.2 CHRONISCHER STRESS 4

    I.3 SOZIALER STRESS 5

        I.3.1 Dichte 5

        I.3.2 Soziale Rangstellung 6

        I.3.3 Trennung von Sozialpartnern 7

        I.3.4 Soziale Instabilität 7

        I.3.5 Chronische soziale Instabilität 9

        I.3.6 Sozialer Stress und Weibchen 11

    I.4 STRESS UND ANPASSUNG 13

        I.4.1 Life-History-Theorie 14

    I.5 ZIEL DER UNTERSUCHUNG 15

II TIERE, MATERIAL UND METHODEN 17

    II.1 TIERE 17

    II.2 GRUPPENMANAGEMENT 17

    II.3 GEHEGE 18

    II.4 DATENVERARBEITUNG 20

    II.5 LEBENSDAUER 20

    II.6 CORTISOLBESTIMMUNG 20

        II.6.1 Blutprobenentnahme 20

        II.6.2 Aufarbeitung der Blutproben 22

        II.6.3 Messung der Hormonkonzentration 22

    II.7 MESSUNG DER HERZSCHLAGFREQUENZ 22

    II.8 GEWICHTSBESTIMMUNG UND -AUSWERTUNG 23

II Inhalt

II.8.1 Mittlere Wachstumsrate 24
II.8.2 Mittelwertbildung 25
II.8.3 Gewichtszuordnung zu den Paritäten 25
II.8.4 Kurvenanpassung an die Wachstumsgleichung 25
II.9 ERFASSUNG UND AUSWERTUNG VON REPRODUKTIONSDATEN 26
II.9.1 Bestimmung von Geburts- und Wurfparametern 26
II.9.2 Bestimmung des Status der Vaginalmembran 27
II.9.3 Berechnung des Konzeptionszeitpunktes 28
II.9.4 Feststellung von Trächtigkeit 29
II.10 ERFASSUNG UND AUSWERTUNG ETHOLOGISCHER DATEN 30
II.10.1 Videoaufnahmen 30
II.10.2 Registrierung und Auswertung 31
II.10.3 Verhaltensweisen 32
II.11 STATISTISCHE TESTS UND PARAMETER 36
II.11.1 Wahl der statistischen Tests 36
II.11.2 Erläuterungen zu den Abbildungen 37

III ERGEBNISSE 39

III.1 LEBENSDAUER DER WEIBCHEN 39
III.2 AKTIVITÄT DER HYPOPHYSEN-NEBENNIERENRINDEN-ACHSE 41
III.3 REAKTIVITÄT DER SYMPATHIKUS-NEBENNIERENMARK-ACHSE 42
III.4 GEWICHTSENTWICKLUNG DER WEIBCHEN 43
III.4.1 Gewichtsentwicklung bis zum ersten Wurf 43
III.4.2 Gewichtsentwicklung der adulten Tiere 45
III.4.3 Gewichtsentwicklung während der Laktation 47
III.4.4 Anpassung an die Wachstumsgleichung 49
III.5 REPRODUKTION DER WEIBCHEN 53
III.5.1 Geschlechtsreife 53
III.5.2 Postpartumkonzeption 55
III.5.3 Reproduktionserfolg 56
III.5.4 Jungtierqualität 62

III.5.5 Unregelmäßigkeiten im Verlauf der Trächtigkeit 67
III.6 ZUSAMMENHANG ZWISCHEN REPRODUKTION UND LEBENSDAUER 69
III.7 VERHALTEN DER WEIBCHEN UND IHRER SOZIALPARTNER 70
    III.7.1 Sozialverhalten 70
    III.7.2 Räumliches Verhalten 77
    III.7.3 Time-budgets 88
    III.7.4 Zeitliche Organisation des Verhaltens 93

IV DISKUSSION **97**

    IV.1 ZUR METHODIK 98
        IV.1.1 Eignung des Hausmeerschweinchens 98
        IV.1.2 Eignung des Versuchsdesigns 100
    IV.2 ERSTE THESE: SOZIALE INSTABILITÄT ERZEUGT CHRONISCHEN SOZIALEN
    STRESS 103
        IV.2.1 Aggression zwischen Weibchen 103
        IV.2.2 Soziale Instabilität und Vorhersagbarkeit 105
        IV.2.3 Physiologische Belastungsindikatoren 107
        IV.2.4 Ethologische Belastungsindikatoren 108
        IV.2.5 Belastung durch Reproduktion 110
        IV.2.6 Chronischer Stress 111
        IV.2.7 Verkürzte Lebensdauer 113
        IV.2.8 Beschleunigte Alterung? 115
    IV.3 ZWEITE THESE: SOZIALE INSTABILITÄT VERURSACHT KEINE REDUKTION DES
    LEBENSZEIT-REPRODUKTIONSERFOLGES 116
        IV.3.1 Stress und Reproduktion 116
        IV.3.2 Neuroendokrine Stress-Mechanismen und Reproduktionserfolg 118
    IV.4 DRITTE THESE: SOZIALE INSTABILITÄT BEWIRKT EINE ANPASSUNG DER LIFE-
    HISTORY-STRATEGIE ZUR OPTIMIERUNG DES LEBENSZEIT-REPRODUKTIONS-
    ERFOLGES 119
        IV.4.1 Verhaltensanpassung 120
        IV.4.2 Anpassung der physischen Entwicklung 121

IV.4.3 Anpassung der reproduktiven Life-History 122
IV.4.4 „Living fast and dying young" 124
IV.5 SCHLUßFOLGERUNGEN 125
IV.5.1 Chronischer sozialer Stress ist ein proximater Mechanismus der Life-History-Strategie 125
IV.5.2 Stresskonzepte 129
IV.5.3 Wohlergehen 133

V ZUSAMMENFASSUNG **135**

VI SUMMARY **137**

VII LITERATUR **139**

VIII ANHANG **161**

VIII.1 VORUNTERSUCHUNGEN 161
VIII.2 METHODE ZUR MESSUNG DER HERZSCHLAGFREQUENZ 163
VIII.3 METHODE ZUR ERFASSUNG UND AUSWERTUNG RÄUMLICHER DATEN 166

I Einleitung

„Stress" ist ein relativ häufiger Begriff sowohl der Alltagssprache, als auch in der wissenschaftlichen Diskussion. Dies zeigt sich z.B. bei einer Recherche im World-Wide-Web: „AltaVista" (www.altavista.com), eine der weltweit größten Suchmaschinen des Internet hat Anfang 1999 ca. 1,5 Millionen verschiedene Webseiten indiziert, auf denen sich Informationen zu dem Stichwort „Stress" finden lassen. Die Zeitschriftendatenbank des deutschen Bibliotheksinstitutes verzeichnet aktuell 58 internationale und nationale Zeitschriften und Journale, die das Wort „Stress" in ihrem Titel tragen.

Hans Selye, auf dessen Stressbegriff sich fast alle modernen Stresskonzepte beziehen und der innerhalb von 40 Jahren ca. 100 000 Publikationen zu diesem Thema sammeln konnte, stellte jedoch schon 1973 fest: *„Everbody knows what stress is and nobody knows what it is"* (Selye 1973). Um zu einem Verständnis der modernen Stresskonzepte[1] zu kommen, erscheint es daher unumgänglich zuerst auf deren Entstehung und heutige Bedeutung einzugehen.

I.1 Stresskonzepte

Bereits die ersten Stressforscher der Moderne wie z.B. Cannon (1929) stellten die Frage nach dem Anpassungswert der Stressreaktion. Cannon interpretierte die zahlreichen physiologischen Veränderungen, die in emotional erregenden Situationen zu beobachten sind, als eine Anpassung, die auf Kampf oder Flucht vorbereitet („fight or flight reaction").

Die Anpassung des Körpers an wiederholte potentiell gefährliche Situationen war das Hauptinteresse von Selye (1936), der das biomedizinische Stresskonzept prägte. Er

---

[1] Anm.: Die erste wissenschaftliche Verwendung des Begriffes „Stress" stammt aus der Physik, weshalb sich einige Autoren sogar darin versteigen, von einem Mißbrauch des Begriffes im medizinisch-psychologischen Zusammenhang zu sprechen (Grime 1989). Diese Einschätzung ist jedoch nicht allgemein akzeptiert.

bezeichnete als „Stress" die Antwort des Organismus auf jeden starken und potentiell schädigenden Stimulus. Der Stimulus wurde „Stressor" genannt. Die Anpassungen des Körpers an verschiedenste Stressoren wie extreme Kälte, schwere Verletzungen, extreme Muskelarbeit erschienen Selye als uniform: Er fand bei Ratten, Meerschweinchen und Menschen immer wieder das gleiche Muster von körperlichen Reaktionen auf verschiedenste Stressoren (Selye 1936). Deshalb nannte er diese Anpassungen das „general adaptation syndrome", das in drei Phasen verläuft:

1. Alarmreaktion: Aktivierung des Sympathikus-Nebennierenmark und des Hypophysen-Nebennierenrinden Systems. Wenn der Stressor jedoch persistiert, tritt die nächste Stufe ein.

2. Widerstandsphase: Anpassung der physiologischen Systeme an die andauernden oder wiederholten Alarmreaktionen durch Leistungssteigerung verschiedener Organe und Organsysteme und Leistungsminderung der nicht für den Erhalt des Individuums notwendigen Funktionen wie Wachstum und Gonadenaktivität.

3. Erschöpfung: Wenn diese Anpassungsreaktionen auf lange Sicht nicht in der Lage sind die Stressoren zu beseitigen, stirbt das Individuum an den Folgen der chronischen Anpassung. Wobei für Selye die chronische Erhöhung von adrenocorticalen Hormonen eine zentrale Rolle spielte.

Ein weiterer zentraler Begriff der meisten Stresskonzepte ist der der „Homöostase". Bereits der Physiologe C. Bernard wies Ende des 19. Jahrhunderts darauf hin, daß Wirbeltiere im Gegensatz zu vielen Wirbellosen eine größere Unabhängigkeit von ihrer Umwelt erreichen, da sie durch verschiedene Regulations-Mechanismen in der Lage seien ihr „milieu interieur" konstant zu halten (Bernard 1878). Nach den verbreitetsten Stresskonzepten wird diese Homöostase durch die „Stressoren" bedroht. Die „Stressreaktion" dient nach Selye dazu, die Homöostase aufrechtzuerhalten oder gegebenenfalls wiederherzustellen.

Das Selye'sche Stresskonzept wurde von anderen Forschern weiterentwickelt. *"There are still some workers who accept Selye's views of stress, some who use modifications of them, some who regard them yet as unproven working hypotheses, and some who simply reject or ignore them."* (Mason 1975a). Der Psychologe Mason erkannte, daß die „Allgemeine Anpassungsreaktion" doch nicht so unspezifisch ist, wie

Selye es lange annahm (Mason 1971; Mason 1975a; Mason 1975b). Der gemeinsame Faktor stressauslösender Situationen schien ihm die Unsicherheit zu sein. Weiterhin erkannten die Psychologen, die sich mit den Ursachen von Stress beschäftigten, daß die Vorhersagbarkeit von Stressoren die Stressantwort erniedrigt (Weiss 1972). Dagegen lösen hoffnungslose Situationen, Unsicherheit, Kontrollverlust und Hilflosigkeit bei Tier und Mensch eine starke adrenocorticale Reaktion aus (vgl. auch Lazarus 1966).

Eine neue Ära der Tiermodelle in der psychosomatischen Medizin wurde durch J. Henry 1967 eingeläutet (Henry et al. 1967; Henry and Stephens 1977; Hofer and Myers 1996). Henrys Verdienst war es unter Anderem, die Unabhängigkeit der neuroendokrinen Stressachsen zu erkennen und die aktive und passive Stress-Antwort zu charakterisieren (Henry 1992). Großes Interesse hatte Henry auch an den biologischen Ursprüngen der verschiedenen Stressreaktionen. Angeborene - jedoch durch Erfahrung modifizierbare - Archetypen von neuroendokinen Reaktionsmustern sind nach Henry verbunden mit basalen Gefühlen wie Angst, Wut, Traurigkeit und Glücksgefühlen (Henry 1986).

Die aktuellen Stresskonzepte (Henry and Stephens 1977; Henry 1982; Henry and Stephens-Larson 1985; Henry 1992; von Holst 1998) gehen von drei unabhängig voneinander aktivierbaren Achsen aus: 1) Das Hypophysen-Nebennierenrinden-System wird z.B. bei der Immobilisierung von Tieren aktiviert. Es charakterisiert Zustände von Kontrollverlust und Hilflosigkeit. Ein geeigneter peripher zu messender Indikator für die Aktivierung dieses Systems ist die Konzentration von Glucocorticoiden im Blut. 2) Das Sympathikus-Nebennierenmark-System reagiert in akuten Notfällen mit der Ausschüttung der Katecholamine Adrenalin und Noradrenalin. Die Konzentrationen der Katecholamine im Blut oder auch die Herzschlagfrequenz stellen ein Maß für die Aktivität dieses Systems dar. 3) Das Hypophysen-Gonaden-System beinhaltet die endokrine Steuerung der Gonaden durch Hypophysenhormone. Belastungen können sich durch eine verminderte Ausschüttung der testotropen bzw. ovariotropen Hormone bemerkbar machen.

Die Unabhängigkeit der drei Stressachsen wurde z.B. anhand der Stressantwort unterlegener männlicher Spitzhörnchen eingehend belegt (von Holst 1969; von Holst 1977; von Holst et al. 1983; von Holst 1985; von Holst 1986): Subdominante

Spitzhörnchen sind durch häufiges Kämpfen, eine hohe Aktivität des sympathicoadrenomedullären Systems und eine niedrige Aktivität des Hypophysen-Nebennierenrinden-Systems gekennzeichnet. Submissive Tiere zeigten dagegen eher passives Verhalten, hohe Aktivität der Hypophysen-Nebennieren-Achse und keine Erhöhung der sympathicoadrenomedullären Indikatoren.

I.2 Chronischer Stress

Chronische Belastungen können zu pathologischen Veränderungen oder sogar zum Tod führen. Schon Selye erkannte diese paradoxe Wirkung der Stressantwort, die den Körper zuerst schützt, jedoch bei längerer Aktivierung schädigt (McEwen 1998). Diese „diseases of adaptation" sind bis heute ein Problem für die Erklärung der Adaptivität der Stressantwort: Einerseits ist es leicht vorstellbar, daß sich die Stressantwort evolviert hat um den Organismus für einen Kampf oder eine Flucht vorzubereiten und damit die Überlebenschancen zu vergrößern. Andererseits ist zunächst kein Selektionsvorteil darin zu sehen, daß Tiere beispielsweise durch stressinduzierte chronische Immunsuppression einem höheren Krankheitsrisiko ausgesetzt sind.

Zahlreiche pathologische Folgen von chronischem Stress treten auch als charakteristische Alterserscheinungen auf. Zum Beispiel Bluthochdruck, Arteriosklerose und koronare Herzkrankheiten sind sowohl typische Alterskrankheiten des Menschen, als auch tierexperimentell durch chronische Belastung zu erzeugen (Henry and Stephens 1977). So steigen z.B. bei Ratten die Konzentrationen der Glucocorticoide mit dem Alter an (Sapolsky 1991). Aber auch bei chronischen Stressreaktionen werden diese Hormone vermehrt ausgeschüttet.

Einer der aktuellen Erklärungsversuche für das Phänomen „Altern" ist der von Schäden in Kontrollmechanismen, z.B. des Endokriniums, von Neurotransmittern und der Homöostase-Regelung (Kämpfe 1997).

Die Tatsache, daß biologisches und chronologisches Alter von Organismen durchaus stark voneinander abweichen können und die Parallelen, die sich zwischen dem biologischen Altern und den Folgen von chronischem Stress ziehen lassen, legen den

Schluß nahe, daß chronische Belastungen ein beschleunigtes organismisches Altern verursachen können.

I.3 Sozialer Stress

Artgenossen stellen für alle sozial lebenden Tiere einen außerordentlich wichtigen Umweltfaktor dar. Es liegt daher nahe, daß auch Artgenossen und deren Verhalten als Stressoren wirken können. Das Beispiel der australischen Breitfußbeutelmäuse zeigt, daß sozialer Stress ein wichtiger Faktor der Mortalität freilebender Tiere ist (Bradley et al. 1980). Es ist wohl das extremste Beispiel von sozialem Stress bei einem Säugetier: Alle männlichen ostaustralischen Breitfußbeutelmäuse sterben jedes Jahr nach intensiven Kämpfen während der Paarungszeit an den Folgen von stressbedingter Immun- und Entzündungssuppression, an Magengeschwüren und zahlreichen Parasiten und infektiösen Keimen (Bradley et al. 1980). Die einzigen überlebenden Männchen sind die Föten, die von diesen Männchen gezeugt wurden.

Die immensen Auswirkungen, die sozialer Stress auf Tiere haben kann, sind besonders aufgrund umfangreicher Labor-Untersuchungen an Spitzhörnchen deutlich geworden (von Holst et al. 1983). In extremen Situationen kann selbst die dauernde Anwesenheit eines überlegenen Tieres zum Tod des Unterlegenen führen.

I.3.1 Dichte

Das Stresskonzept wurde beginnend in den Fünfziger Jahren als Erklärungsmöglichkeit für die Regulation der Populationsdichte von Kleinsäugern herangezogen. Vor allem Christian (Christian and Lemunyan 1958; Christian 1961; Christian 1971; Yasukawa et al. 1985; Chapman et al. 1998) beschäftigte sich mit Verhalten, Hypophysen-Nebennierenrinden-Aktivität und der Reduktion der Aktivität der Hypophysen-Gonaden-Achse bei Mäusen. Auch für die Entstehung der Populationszyklen von Schneehasen, Lemmingen und Wühlmäusen wird immer noch eine ähnliche Dichte-Stress-Hypothese getestet (Krebs 1996). Als wichtigste Methode, die zum Verständnis der Zusammenhänge von Dichte und Stressreaktionen beitrug, erwies sich die Verhaltensbeobachtung. Calhoun (1962) beschrieb sog. „sozialpathologisches" Verhalten von Ratten, die in großen Kolonien bei hoher Individuendichte lebten. Die Reproduktion der Tiere war stark eingeschränkt, ähnliches fand Lidicker auch bei Mäusen (Lidicker 1976).

Für die Dichteregulation von Mäusepopulationen wird besonders weibliches aggressives Verhalten verantwortlich gemacht (Chovnic et al. 1987). Bei Kaninchen sorgen ebenfalls weibliche soziale Faktoren für die Populationsregulation (Mykytowycz and Fullagar 1973). Weibchen vieler Tierarten sind anscheinend meistens friedlich und passiv. Unter bestimmten Umständen können Weibchen aber genauso aggressiv wie die Männchen der eigenen Art werden (Floody 1983). In Weibchengruppen von Makaken ist sogar mehr Aggression zu verzeichnen, als in gleichgroßen Gruppen mit Männchen (Sackett et al. 1975).

Diese Befunde sprechen dafür, daß auch ohne sichtbare Aggression, bei vielen Säugetierarten aversive Motivationen zwischen Weibchen existieren können.

I.3.2 Soziale Rangstellung

Soziale Niederlagen und Unterordnung gelten als ethologisch relevante Modelle für sozialen Stress (Martinez et al. 1998). Eine rangniedrige soziale Position wird von manchen Autoren an sich schon als ausreichend für die Entstehung sozialen Stresses angesehen (Martinez et al. 1998). So haben z.B. in Weibchengruppen von Labormäusen dominante Weibchen niedrigere Corticosteronwerte als subdominante (Schuhr 1987).

Es existieren aber auch (seltenere) Befunde, die gegen eine solche Regel sprechen. So kommt es bei Zwergmungos und Wildhunden zu höheren Cortisol-Werten in Faeces und Urin bei dominanten Tieren, als bei unterlegenen (Creel et al. 1996). Allerdings ist die Vergleichbarkeit von Hormonbestimmungen aus Exkrementen mit Proben die aus dem Blutplasma gewonnen wurden, umstritten. Bei weiblichen Krallenaffen sind die Cortisolwerte subdominanter Weibchen deutlich niedriger, als die von dominanten Weibchen (Saltzman et al. 1998).

Eine genauere Analyse stabiler Sozialsysteme hat jedoch gezeigt, daß die höhere Belastung unterlegener Tiere häufig nur in Zeiten unklarer Sozialbeziehungen, z.B.

Einleitung 7

während heftiger Rangkämpfe, zutage tritt. Auch bei der Neuformung von Gruppen treten solche Belastungen auf: Bei der Neuformierung von Rhesusaffengruppen hing sogar die Höhe der Plasma-Cortisolkonzentration von dem Rangverlust ab, den das jeweilige Tier erlitten hatte (Chamove and Bowman 1978). In neu zusammengestellten Gruppen von Hausschweinsauen hatte die Rangstellung und damit zusammenhängende Verhaltensstrategien einen deutlichen Einfluß auf deren adrenocorticale Reaktivität (Mendl et al. 1992).

I.3.3 Trennung von Sozialpartnern

Soziale Beziehungen sind ein Kennzeichen vieler Säugetierarten. Besondere Beziehungen wie die Bindung haben eine große Bedeutung für die beteiligten Tiere. Dies zeigt sich z.b. an der Reaktion auf eine Trennung solcher Beziehungen. Die Trennung enger sozialer Beziehungen wie z.b. der Mutter-Kind-Bindung führt bei Meerschweinchen zu heftigen Verhaltens- und neuroendokrinen Reaktionen (Hennessy and Ritchey 1987; Sachser et al. 1993; Sachser et al. 1998). Auch die Trennung erwachsener Bindungspartner führt bei vielen Säugetierarten zu einer Aktivierung der Hypophysen-Nebennierenrinden-Achse (Sachser et al. 1993; Castro and Matt 1997; Hennessy 1997; Sachser et al. 1998). Selbst bei Rindern, die in Gruppen gehalten werden, führt die kurzzeitige Trennung von ihren Gruppengenossen zu heftigen Verhaltens- und Stressreaktionen (Boissy and Le Neindre 1997).

Umgekehrt führt sozialer Rückhalt („social support") durch Bindungspartner beim Menschen zur Abmilderung vieler pathologischer Folgen von psychosozialem Stress (Cobb 1976). Ebenso kann bei Meerschweinchen in belastenden Situationen die Männchen-Weibchen-Bindung einen stressmindernden Effekt haben (Sachser et al. 1998)

I.3.4 Soziale Instabilität

Ein wichtiger Faktor für die Entstehung von sozialem Stress ist die Instabilität sozialer Beziehungen. Die ausgeprägte Fähigkeit vor allem der Säugetiere, sich auf Artgenossen einzustellen, zeigt sich z.B. darin, daß längerfristige individuelle Beziehungen aufrechterhalten werden können. Für Tiere, die in individualisierten Sozialverbänden leben, wie beispielsweise Paviane, ist der Verlust eines Artgenossen daher genauso relevant und damit belastend wie die Immigration eines neuen Gruppenmitgliedes (z.B. Alberts et al. 1992). Aber auch unsichere Rangverhältnisse in etablierten Gruppen können zu heftigen Kämpfen (vgl. Bradley et al. 1980) und daraus folgenden Belastungen führen. So führt die Immigration eines neuen Männchens in eine Paviangruppe zu erhöhten Cortisoltitern bei den Männchen (Sapolsky 1983; Sapolsky 1992). Auch die Formung neuer Gruppen durch den Menschen kann ein belastendes Ereignis für die beteiligten Tiere sein. So wurde nach der artifiziellen Gruppenbildung bei weiblichen Rhesusaffen ein erhöhter Cortisolspiegel festgestellt (Gust et al. 1991). Die wiederholte Reorganisation von Makakengruppen gilt als ein Modell für die stressbedingte Entstehung der Arteriosklerose koronarer Arterien (Manuck et al. 1983). Ein häufiger Austausch von Individuen einer Gruppe von Hausrindern kann zu erheblichen Belastungen der einzelnen Tiere führen (Boissy and Le Neindre 1997). Henry et al. (1993) konnten bei einigen Rattenstämmen während sozialer Instabilität starke Blutdruckerhöhungen feststellen.

Besonders relevant und aktuell erscheint die Untersuchung der Folgen anthropogen verursachter sozialer Instabilität: Die modernen landwirtschaftlichen Haltungsformen (z.B. Laufstall für Milch- und Mastrinder) führen zu einem häufigen Austausch von Tieren innerhalb einer Herde. Die deutsche Schweinehaltungsverordnung schreibt seit 1992 neue Haltungsformen vor, die zu häufigerer Gruppenhaltung führen (Oldigs et al. 1992). Jedes Entfernen und jedes Zusetzen eines Tieres kann jedoch zu erheblichen Belastungen führen. (Rinder: Boissy and Le Neindre 1997, Schweine: Oldigs et al. 1992; Tuchscherer et al. 1998). Auch bei Zootieren ist in letzter Zeit ein vermehrter Austausch von Zuchttieren zu verzeichnen, da die Zoos zum Erhalt der genetischen Variabilität innerhalb einer in Gefangenschaft gezüchteten Art Tiere mehrfach austauschen (z.B. Europäisches Erhaltungszuchtprogramm EEP). Dabei wird jedoch nicht immer darauf geachtet, daß die Veränderungen der Sozialstruktur nicht wesentlich von den natürlichen Fluktuationen abweichen. Selbst wildlebende isolierte Populationen bedrohter Tierarten können aus diesem Grund durch den Fang einzelner Tiere und dem Aussetzen an anderer Stelle sozial instabil werden.

Die Bewertung solcher Haltungs- und Managementformen unter dem Gesichtspunkt des Wohlergehens stellt eine große Herausforderung an die heutige angewandte Stressforschung dar (Dawkins 1998). Im Zuge tierschützerischer Bemühungen werden aber auch Versuchs- und Heimtiere immer häufiger in Gruppen gehalten, aus denen bei Bedarf Tiere entnommen werden. Dies wiederum führt zu Instabilitäten des Sozialsystems und damit möglicherweise zu Belastungen der Tiere. Welches Ausmaß und welche Langzeitfolgen die so verursachten Belastungen haben, ist bis heute nur unzureichend untersucht.

Auch Menschen, die einer Vielzahl von Lebensereignissen wie Verlust des Lebenspartners, eines nahen Verwandten, Geburt eines Kindes usw. innerhalb kurzer Zeit ausgesetzt waren, erkrankten mit höherer Wahrscheinlichkeit an Herzkrankheiten (Holmes and Rahe 1967). Die soziale Instabilität als ein Phänomen moderner Gesellschaften und Lebensweisen wird von vielen Menschen als subjektiv belastend empfunden. Ob vielreisende Personen mit häufig wechselnden sozialen Kontakten (z.B. Aussendienstmitarbeiter) einem höheren Risiko für stressbedingte Koronar-Erkrankungen ausgesetzt sind, ist jedoch meines Wissens bisher nicht untersucht worden.

Vergleicht man die geschilderten Formen sozialer Instabilität mit denen unter hoher Dichte, erscheint es möglich, daß sowohl hohe Dichte, als auch soziale Instabilität auf die gleiche Weise wirken könnten (Cohen et al. 1980): Die Häufigkeit von Interaktionen mit verschiedenen Artgenossen erhöht sich und die Vorhersagbarkeit von Interaktionen mit Artgenossen verringert sich.

I.3.5 Chronische soziale Instabilität

Die einfachste Form der akuten sozialen Instabilität ist die Konfrontation eines Tieres mit einem fremden Artgenossen. Das „Resident-Intruder"-Paradigma ist daher eines der häufigsten experimentellen Designs zur Erzeugung von sozialem Stress. Dabei wird ein „Intrudertier" zu einem „ansässigen Tier" in dessen Gehege gesetzt. Dies kann zu heftigen Auseinandersetzungen zwischen Eindringling und residentem Tier und zu akutem sozialen Stress führen.

Chronischer sozialer Stress läßt sich experimentell nicht durch die Verlängerung einer zu akutem sozialen Stress führenden Resident-Intruder-Situation beliebig lange untersuchen. Denn entweder arrangieren sich die Kontrahenten durch die Etablierung einer Rangbeziehung und können friedlich ohne Belastung miteinander leben, oder innerhalb weniger Tage treten pathologische oder letale Folgereaktionen ein. In beiden Fällen ist die stresserzeugende Situation innerhalb weniger Tage oder Wochen beendet. In der Literatur werden Versuchsanordnungen bei denen konfrontierte Tiere mehrere Tage koexistieren, häufig schon als chronisch bezeichnet. Konfrontationsexperimente die über einen längeren Zeitraum (länger als einige Wochen) sozialen Stress erzeugen, sind daher nur durch Wiederholungen mit verschiedenen Interaktionspartnern möglich.

Somit ist eine standardisierte Wiederholung kürzerer Konfrontationen mit verschiedenen Artgenossen eine vielversprechende Methode zur Erzeugung von langandauerndem chronischem sozialen Stress. Experimentelle Ansätze, die auf diese Weise eine lebenslange Untersuchung von chronischem sozialem Stress ermöglichen, sind sehr rar. Ausnahmen bilden die Versuche von Henry et al. (1967), bei denen Mäuse in Kolonien zusammengesetzt wurden, die in mehreren mit Röhren verbundenen Käfigen lebten. Durch Zusetzen von Tieren entstand ein über Monate instabiles Sozialsystem, bei dem die Tiere die verschiedensten pathologischen Veränderungen zeigten (Henry et al. 1967; Henry et al. 1971; Henry et al. 1975; Henry and Stephens 1977; Ely and Henry 1978). Auch bei Ratten konnte durch häufigen Austausch von Gruppenmitgliedern chronisch erhöhter Blutdruck erzeugt werden (Henry et al. 1993). Mit mehreren Primatenarten wurden ebenfalls solche Gruppen-Reorganisations-Experimente durchgeführt. Ein Beispiel dafür sind die Arbeiten von Manuck und Kaplan (Kaplan et al. 1982; Manuck et al. 1983; Manuck et al. 1989; Manuck et al. 1995) zur Entstehung von Arteriosklerose. Aber auch mit den Folgen von sozialer Instabilität auf weibliche Reproduktionsparameter befaßte sich diese Forschergruppe (Adams et al. 1985). Eine der wenigen Arbeitsgruppen, die sich ebenfalls mit der Reorganisation von Gruppen weiblicher Affen befassen ist die von Gust et al. (1991; 1993a; 1993b; 1996).

I.3.6 Sozialer Stress und Weibchen

Nicht alle an Männchen gewonnenen Erkenntnisse sind auch auf Weibchen übertragbar. Brown und Grunberg (1995) konnten feststellen, daß männliche und weibliche Ratten auf ein Zusammenpferchen völlig unterschiedlich reagieren: Männchen hatten unter gedrängten Verhältnissen höhere Corticosteron-Konzentrationen als in Einzelhaltung; bei Weibchen war es genau umgekehrt.

Tabelle 1: Literaturrecherche mit „Medline Express" von 1966 bis 1998.

Stichwort	Kombination	Ausschluß	Treffer	Verhältnis m : f
stress	and male	not female	4739	1,6 : 1
stress	and female	not male	2907	
social stress	and male	not female	62	3,3 : 1
social stress	and female	not male	19	

Tabelle 1 zeigt, daß es in dieser für den Forschungsbereich repräsentativen Datenbank aus den letzten 32 Jahren mehr Literaturzitate mit den Stichworten „Stress" und „Männchen", als „Stress" und „Weibchen" gibt. Die Kombination der beiden Geschlechter mit dem Stichwort „sozialer Stress" zeigt eine noch deutlichere Verschiebung in Richtung Männchen. Es wurden also deutlich mehr stressrelevante Untersuchungen mit männlichen, als mit weiblichen Tieren durchgeführt.

Ein Grund für das Fehlen von Untersuchungen mit Weibchen dürfte deren komplexere Reproduktions-Endokrinologie sein. Zum Beispiel zeigen weibliche Hausmeerschweinchen sowohl während des Zyklus, als auch während der Trächtigkeit deutliche Schwankungen der Cortisolkonzentrationen (Garris 1986), sie können daher nicht ohne Weiteres als Belastungsindikatoren dienen. So machen Stressuntersuchungen an Weibchen in der Regel einen höheren Aufwand an Standardisierung notwendig.

I.3.6.1 Fertilität

Ein kompletter Reproduktionszyklus bei weiblichen Säugetieren umfaßt Ovulation, Konzeption, Nidation, Trächtigkeit, Geburt, Laktation und erfolgreiche Jungenaufzucht. Auf all diese Ereignisse und den Zeitpunkt des Erreichens der Geschlechtsreife sind unterschiedliche negative Einflüsse von sozialen Stressoren vorstellbar und zumindest teilweise gezeigt. Kurzfristige Auswirkungen von Stress auf weibliche Fertilitätsparameter sind gut dokumentiert. (Rabin et al. 1988; De Catanzaro and MacNiven 1992; Marchlewska-Koj 1997). Bei Nacktmullen und Krallenaffen gibt es eine extreme Form der sozialen Beeinflussung von weiblicher Reproduktion (Abbott et al. 1989): Rangniedere Weibchen pflanzen sich überhaupt nicht fort. Das Verhalten der ranghohen Weibchen und weitere Faktoren führen zu einer „sozialen Kontrazeption". Gerade sozialer Stress scheint eine häufige Ursache für weniger erfolgreiche Reproduktion zu sein. So haben z.B. unterlegene Hamsterweibchen kleinere Würfe als überlegene (Wise et al. 1985). Weitere Beispiele sind: verzögerte Geschlechtsreife, Verhinderung oder Verzögerung der sexuellen Rezeptivität unterlegener Wildhunde (Frame et al. 1979), unterlegener Wölfe (Packard and Mech 1980), Verhinderung oder Verzögerung der Ovulation, Verhinderung der Implantation, Spontanabort psychosozial gestresster Ratten (Herrenkohl 1979; De Catanzaro and MacNiven 1992), frühe Postpartum-Mortalität bei Ratten (Herrenkohl 1979), unterlegenen Kaninchen (Mykytowycz and Fullagar 1973), unterlegenen Wildhunden (Frame et al. 1979), nomadisch lebenden Löwinnen (Bertram 1975), Übersicht in Wasser and Barash 1983.

Auch beim Menschen wird Stress für eine der möglichen Ursachen von Spontanaborten und Frühgeburten gehalten (Läpple 1988; Madeja and Maspfuhl 1989). Psychosoziale Variablen wie sog. „life events", „social support" und ein „sense of permanence" hängen laut Boyce et al. (1985) eng mit dem Verlauf und Ausgang von Schwangerschaften junger werdender Mütter zusammen. Ein „sense of permanence" ist offensichtlich einer der wichtigsten sozialen Faktoren für einen problemlosen Verlauf und Ausgang der Schwangerschaft (Boyce et al. 1985). Frauen, die während ihrer Schwangerschaft eine Vielzahl von Lebensereignissen durchmachten und einen guten sozialen Rückhalt hatten, litten nur an einem Drittel der Komplikationen wie Frauen ohne diesen Rückhalt (Nuckolls et al. 1972). Frauen, die bereits ein Kind mit zu geringem Geburtsgewicht bekommen hatten und während der nächsten Schwangerschaft eine Hebamme als Unterstützung bekamen, hatten weniger Geburtskomplikationen, als Frauen, die keinen solchen „social support" hatten (Oakley et al. 1990). Psychologische Untersuchungen von Frauen, die Fehlgeburten hatten, zeigten, daß sie in den letzten drei Monaten davor mindestens ein größeres Lebensereignis hatten (O'Hare and Creed 1995).

I.3.6.2 Reproduktionserfolg

Aufgrund der zahlreichen Möglichkeiten negativer Einflüsse von sozialem Stress auf weibliche Reproduktionsfaktoren ist es plausibel, daraus einen negativen Einfluß von Stress auf den Reproduktionserfolg zu extrapolieren. Daß dieser Schluß nicht zwingend ist, zeigen jedoch folgende Beispiele: Weibliche Ratten, die bis zur Erschöpfung schwimmen mußten, zeigten zwar im Blut erniedrigte Konzentrationen ovarieller Hormone, erhöhte Corticosteron-Werte, unregelmäßige vaginale Zyklen, pflanzten sich aber dennoch erfolgreich fort (Axelson 1987). Anderson et al. (1996) fanden bei weiblichen Ratten, die 14 Tage lang zu unvorhersehbaren Zeitpunkten mit Elektroschocks behandelt wurden, erhöhte Werte des adrenocorticotropen Hormones (ACTH), aber keine Veränderungen der Zykluslänge oder ovarieller Hormone.

Defacto liegen so gut wie gar keine Untersuchungen vor, die in Experimenten mit chronischem sozialem Stress nicht nur eine oder wenige Einzelkomponenten des Reproduktionserfolges, wie z.B. Zykluslänge oder Wurfgröße gemessen hätten, sondern den tatsächlichen Lebenszeit-Reproduktionserfolg eines Weibchens.

I.4 Stress und Anpassung

Anpassung ist nach Immelmann (1982) *„Die Entwicklung von Eigenschaften, die ein Lebewesen für seine jeweilige Umwelt geeigneter machen, d.h. seine und seiner Nachkommen Lebenserwartung und Fortpflanzungserfolge erhöhen."* Die Stressreaktion dient nach dem gängigen biomedizinischen Stresskonzept der Anpassung an eine

14 Einleitung

bedrohliche Situation und verbessert dadurch die Überlebenschancen des Individuums. Insofern ist Stress adaptiv (Chrousos 1998). Im Widerspruch dazu steht aber, daß chronischer Stress zu Krankheit, Sterilität und Tod führen kann. Dieses Paradoxon der Stressantwort (vgl. McEwen 1998: „*Protective and damaging effects of stress mediators*") versuchen einige moderne Stress-Konzepte auch durch die Einbeziehung evolutionsbiologischer und verhaltensökologischer Gedanken zu lösen. Nach Munck et al. (1984) dienen möglicherweise die langfristigen zu „diseases of adaptation" führenden Wirkungen von Glucocorticoiden dazu, ein Überschießen der Stressreaktion zu verhindern. Raberg et al. (1998) gehen auf die Vorteile von stress-induzierter Immunsuppression ein.

Durch chronisch erhöhte Cortisolkonzentrationen können Gehirnzellen geschädigt werden oder sogar absterben (Aus der Mühlen and Ockenfels 1969; Uno et al. 1989; Sapolsky et al. 1990; Uno et al. 1994; Fuchs et al. 1995; Magarinos et al. 1996; Sapolsky 1996). Auch schwere psychische Krankheiten wie Depressionen werden auf stressbedingte Cortisolerhöhungen zurückgeführt. Diese langfristigen scheinbar negativen Folgen von chronischem Stress für das Gehirn werden von dem Psychologen Hüther (1996) als „adaptive Modifikationen" der Hirnstruktur und -funktion angesehen, die eine Neuorientierung ermöglichen.

I.4.1 Life-History-Theorie

Die „Life-History"-Theorie[1] beschäftigt sich vor allem mit der Evolution artspezifischer Lebensverläufe (Stearns 1976; Stearns and Koella 1986; Roff 1992). Einer der zentralen Thesen dieser Theorie ist das Konzept der „Trade-Offs". Das sind Faktoren die durch zwingende Beziehungen verbunden sind. Beispielsweise fordert die Theorie, daß es eine solche Beziehung zwischen den Fitness-Komponenten Fertilität und Lebensdauer gibt: Hohe Fertilität sei mit geringer Lebensdauer verbunden, bzw. lange Lebensdauer mit geringer Fertilität. Dahinter steckt die Vorstellung, daß verstärkte Repro-

---

[1] Anm.: Da es sich um ein relativ neues Forschungsgebiet handelt, werde ich (wie auch in den deutschen Übersetzungen der Originalliteratur üblich) im Folgenden die originalen englischsprachigen Termini verwenden. Eine deutsche Übersetzung würde möglicherweise missverstanden werden.

duktion Kosten verursacht, die mit einer kürzeren Lebensdauer „bezahlt" werden müssen (z.B. Clutton-Brock 1988; Clutton-Brock et al. 1989; Clutton-Brock et al. 1996). Ob sich die Definition von Trade-Off auf eine Art, eine Population oder das Individuum bezieht, ist nicht immer klar (Stearns, pers. Mittlg.) Gemessen wird häufig auf Art- und Populationsebene. Die auf das Individuum wirkenden proximaten Mechanismen werden angenommen, aber in der Regel nicht überprüft, obwohl meines Erachtens nur die individuelle Überprüfung proximater Mechanismen eine Falsifizierung dieses Teils der Life-History-Theorie erlauben würde. Ein weiterer wichtiger Begriff der Life-History-Theorie ist der der Maximierung der Fitness durch eine stets optimale Allokation der jeweils verfügbaren Energie in Wachstum, Überleben und Fruchtbarkeit.

Während zwischenartliche Unterschiede der Life-Histories genetische Unterschiede widerspiegeln, können der intraspezifischen Variation der Life-History individuelle erworbene Eigenschaften zugrunde liegen. Das Konzept der „state-dependent lifehistories" (McNamara and Houston 1996) berücksichtigt, daß alle strategischen Entscheidungen (z.B. wann ein Tier mit der Reproduktion beginnen sollte) die im Laufe des Lebens eines Tieres getroffen werden, den momentanen Status einbeziehen sollten, um den Lebenszeit-Reproduktionserfolg zu optimieren. Die Life-History-Strategie spiegelt also die Reaktion des Organismus auf seine vergangenen und gegenwärtigen Umwelten wider, dient daher einer besseren Anpassung an zukünftige Umwelten.

Die erwähnten Zusammenhänge zwischen proximaten und ultimaten Faktoren lassen die Formulierung folgender Hypothese zu: Sozialer Stress sollte aufgrund seiner fitnessbeeinflussenden Potenzen ein wichtiger proximater Mechanismus der Life-History-Variation sein. Experimentell überprüfbar ist diese Hypothese durch die Alternativhypothese die besagt, daß sozialer Stress keinen Einfluß auf Trade-Offs und/oder die Optimierung des Lebenszeit-Reproduktionserfolges hat.

I.5 Ziel der Untersuchung

Um die Zusammenhänge zwischen instabiler sozialer Umwelt, sozialem Stress und Life-History-Strategie unter standardisierten Bedingungen zu untersuchen, bedarf es eines Modells, das mehrere Eigenschaften in sich vereint: Das Versuchstier muß im

Labor gut zu halten und zu züchten sein. Sowohl reproduktive, als auch Belastungsindikatoren müssen möglichst einfach und ohne größere Beeinflussung der Tiere meßbar sein. Das Versuchstier muß gut quantifizierbares Sozialverhalten zeigen und eine überschaubare Lebensspanne haben. Hausmeerschweinchen sind daher sehr geeignet für eine solche Untersuchung.

Ziel der vorliegenden Untersuchung[1] war es daher, an weiblichen Hausmeerschweinchen den Einfluß einer lebenslang instabilen sozialen Umwelt auf Verhalten, physiologische Belastungsparameter und ihren Lebenszeitfortpflanzungserfolg zu untersuchen.

Insbesondere sollte überprüft werden ob

– ein lebenslanger täglicher Wechsel der sozialen Umwelt zu chronischem sozialen Stress führt,

– die lebenslange soziale Instabilität zu einer Reduktion des Lebenszeit-Reproduktionserfolges führt,

– die Tiere sich an die instabile soziale Umwelt anpassen, insbesondere ob die Life-History durch soziale Instabilität beeinflußt wird.

---

[1] Anm.: Mit dem Thema „sozialer Stress bei weiblichen Hausmeerschweinchen" beschäftige ich mich seit 1991. Bis 1996 führte ich Untersuchungen durch, aus denen sich die vorliegende Fragestellung ergab (Näheres in VIII Anhang). Da die gesamte Darstellung des Projektes den Rahmen einer Dissertation sprengen würde, stelle ich hier nur die entscheidende Studie dar, die ich von Januar 1995 bis Oktober 1998 durchführte.

II Tiere, Material und Methoden

II.1 Tiere

Alle verwendeten Hausmeerschweinchen (*Cavia aperea f. porcellus*) entstammten der institutseigenen Zucht, die auf einen seit 1975 bestehenden Auszuchtstamm der Universität Bielefeld zurückgeht. Es handelt sich dabei um kurzhaarige ein- oder mehrfarbige Tiere.

Die 26 Versuchsweibchen wurden jeweils im Alter von 20 Tagen in schon bestehende Gruppen aus je einem adulten Männchen und einem adulten Weibchen, die sich bereits mindestens einmal erfolgreich fortgepflanzt hatten, eingesetzt. Somit bestanden alle 26 untersuchten Gruppen aus je einem Männchen und zwei Weibchen. Das Einsetzten der 20-tägigen, gerade entwöhnten Versuchs-Weibchen aus der institutseigenen Zucht geschah in abwechselnder Reihenfolge zu „täglich wechselnden" und zu „Kontroll"-Gruppen (Erklärung s.u.). Weiterhin wurde darauf geachtet, daß das jeweilige Versuchsweibchen mit keinem der adulten Tiere direkt verwandt war. Geschwister wurden nie der gleichen Kategorie („täglicher Wechsel" oder „Kontrolle") zugeordnet. Ansonsten erfolgte die Zuordnung der Tiere zufällig. Um identische Versuchsbedingungen zu gewährleisten, wurden sämtliche Versuchsgruppen nahezu gleichzeitig zusammengestellt und untersucht. Der Zeitraum zwischen dem Einsetzten des ersten und des letzten Versuchstieres betrug 21 Tage.

II.2 Gruppenmanagement

Der Versuchsaufbau der vorliegenden Arbeit resultiert aus den Erkenntnissen umfangreicher Voruntersuchungen, die im Anhang näher beschrieben sind (vgl. VIII Anhang).

In 13 Gruppen wurden die mit 20 Tagen eingesetzten Versuchsweibchen lebenslang täglich in wechselnder Reihenfolge in eine andere Gruppe umgesetzt („täglicher Wechsel"). Die 13 restlichen Gruppen, deren Tiere identisch behandelt wurden (tägliches Handling und Untersuchungen), dienten als Kontrolle (vgl. Abbildung 1). Starb ein Versuchsweibchen, wurde es durch ein gleichaltes Tier aus der Zucht ersetzt, um die Gleichbehandlung auch der residenten Tiere zu gewährleisten.

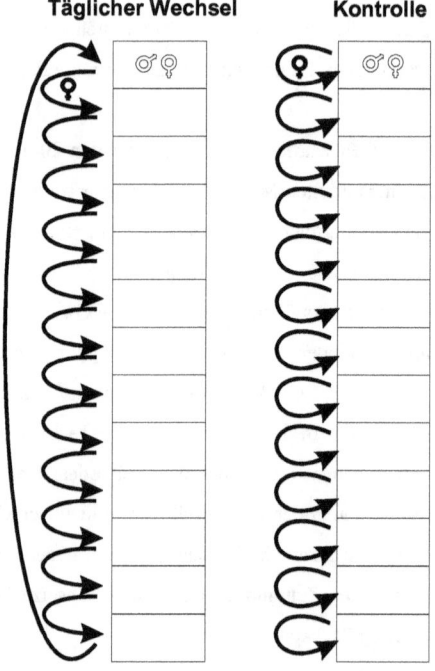

Abbildung 1: Schema des Versuchsansatzes (vgl. Text).

II.3 Gehege

Die 0,5 m² großen Gehege wurden durch 0,5 m hohe Pressspanplatten begrenzt (vgl. Abbildung 2). Der Boden war mit Hobelspänen bedeckt. Ein Futternapf und eine

Trinkflasche stellten Wasser (einmal wöchentlich mit Ascorbinsäure angereichert) und Futter (Altromin 3022, Altromin & Co KG, Lage) ad libitum zur Verfügung. Die Gehegegröße und -einrichtung wurden später nach Beginn der Reproduktion der Versuchsweibchen wegen des zusätzlichen Platzbedarfs für die Jungtiere bei allen Gruppen verdoppelt. Die Hobelspäne wurde einmal pro Woche gewechselt. Heu wurde dreimal pro Woche gegeben. Sonstiges Futter wie Äpfel, Salat oder Rüben wurde nicht gegeben.

Alle Gruppen wurden zunächst in einem, später in zwei identischen Räumen der Tierhaltung des Lehrstuhles für Tierphysiologie an der Universität Bayreuth gehalten. Die identische Klimatisierung durch Bodenheizung, je zwei Zuluft- und einen großflächigen Abluftkanal wurde durch tägliche Messung von Temperatur und Luftfeuchtigkeit kontrolliert. Weiterhin wurden die beiden gegenüberliegenden Räume immer gleichzeitig oder unmittelbar nacheinander geöffnet und betreten. Die durchschnittliche Lufttemperatur betrug 22,5 +/- 0,6 °C, die mittlere relative Luftfeuchtigkeit 40,1 +/- 7,3 %. Die Beleuchtung der fensterlosen Räume erfolgte durch Neonröhren für je 12 Stunden täglich von 7:00 bis 19:00 Uhr.

Abbildung 2: Haltungsraum.

II.4 Datenverarbeitung

Sämtliche täglich erhobenen Daten wurden in einer aus mehreren unabhängigen Teilen bestehenden Datenbank (Microsoft „Access" Ver.2, Ver.7 mit Links zu Microsoft „Excel" Ver.4, Ver.5, Ver.7) erfaßt. Anhand zahlreicher Plausibilitäts-Prüfungen (z.B. konnte etwa eine halbierte Trächtigkeitsdauer nicht mit der Geburt lebender Jungtiere übereinstimmen, es wurde dann eine Warnmeldung ausgegeben) und durch den Einsatz von Sprachausgabe (Microsoft „Sound System" Ver.1, Ver.2 , IBM „ViaVoice Gold" Ver.4) zur Kontrolle von Listen, konnten trotz der Datenfülle, Eintragungsfehler und Datenverluste vermieden werden. Übertragungsfehler wurden auch durch die Verwendung eines mobilen Palmtopcomputers (Atari Portfolio), in den Daten direkt bei der Erhebung eingegeben wurden, vermieden.

II.5 Lebensdauer

Da alle in der institutseigenen Zucht geborenen Jungtiere am Tag ihrer Geburt gewogen und registriert wurden, war das genaue Lebensalter jederzeit festzustellen. Tägliche Kontrollgänge sorgten dafür, daß das Lebensalter aller Versuchstiere auf einen Tag genau bestimmt werden konnte.

II.6 Cortisolbestimmung

Um einen Indikator für die Aktivität der Nebennierenrinden-Achse zu erhalten, wurde bei jedem Weibchen mehrmals der Cortisolgehalt im Blut bestimmt.

II.6.1 Blutprobenentnahme

Cortisol ist beim Hausmeerschweinchen das hauptsächliche Glucocorticoid im Blut (Dalle and Delost 1976). Da der Reproduktionszustand eines Weibchens einen großen Einfluß auf seine Cortisoltiter haben kann, wurde ein Zeitpunkt gewählt, bei dem ein solcher Einfluß minimal ist. Drei Kriterien waren für die Auswahl des Zeitpunktes der Blutentnahme zur Cortisolbestimmung ausschlaggebend:

1. Die Cortisolkonzentrationen sind während der ersten beiden Graviditätstrimester (ca. 45 Tage) deutlich niedriger als im letzten Trimester (Jones 1974).
2. Eine Geburt erhöht die Cortisoltiter für einige Tage (Dalle and Delost 1976).
3. Das Absetzen der Jungtiere könnte zu einer vorübergehenden Belastung der Mutter und damit zu erhöhten Cortisolwerten führen.

Daher ist der Tag 20 postpartum, vor dem Absetzen der Jungtiere, der optimale Zeitpunkt zur Probennahme.

Von jedem Weibchen wurden während jeweils 67 - 335 (MW = 231) Tagen je 2 - 6 (MW = 3,6) Werte erhoben und daraus der Median berechnet. Die Blutprobenentnahme erfolgte jeweils um 13:00 Uhr. Dieser Zeitpunkt wurde deshalb gewählt, weil hier die Werte bei männlichen Tieren ein Maximum ihrer diurnalen Periodik aufweisen (Sachser et al. 1992). Über den Tagesgang bei Weibchen ist zwar bisher noch nichts bekannt, er dürfte jedoch dem von Männchen entsprechen. Erhöhungen der Hormonkonzentrationen zu diesem Zeitpunkt sind daher nicht etwa einem verschobenen Tagesgang anzulasten. In jedem Haltungsraum erfolgte pro Tag nur eine Blutprobenentnahme.

Nach dem Betreten des Raumes wurde das Tier gefangen und ein Ohr mit einer Rotlicht-Wärmelampe (Siccatherm 150 Watt, Osram) aus ca. 5 cm Entfernung für 30 s bestrahlt, um eine Vasodilatation der Ohrgefäße zu erreichen. Der restliche Kopf wurde durch die Hand gegen die Wärmestrahlung geschützt; gleichzeitig konnte die so erreichte manuelle Temperaturkontrolle ausschließen, daß eine Überhitzung stattfand. Das Ohr wurde dann von unten mit einer Kaltlichtquelle (KL 1500, Schott) durchleuchtet und so die Blutgefäße sichtbar gemacht. Ein marginales Gefäß wurde mit einer Kanüle ($\varnothing$ = 0,65 mm, Rose) punktiert und das austretende Blut mit einem Ammoniumheparinisierten Mikrohämatokritröhrchen (50 l, Brand) gesammelt. Die Kapillare wurde auf einer Seite mit Kitt (Brand) verschlossen. Die Blutnahme wurde spätestens 3 min nach Beginn, bzw. 5 min nach dem Betreten des Raumes beendet. Alle Blutentnahmen erfolgten jeweils vor den weiteren täglichen Untersuchungsprozeduren.

II.6.2 Aufarbeitung der Blutproben

Durch Zentrifugation in einer Hämatokritzentrifuge (Haemofuge A, Heraeus) für 5 min bei 13000 U/min wurde das Serum von den festen Blutbestandteilen getrennt. Nach Bestimmung des Hämatokrit wurde das Serum in Eppendorfgefäße überführt und nochmals 3 min bei 13000 U/min zentrifugiert. Anschließend wurde der Überstand bei -20 C bis zur Hormonbestimmung eingefroren.

II.6.3 Messung der Hormonkonzentration

Die Bestimmung der Serumkonzentration von Cortisol erfolgte im endokrinologischen Labor des Lehrstuhles für Tierphysiologie durch einen Radioimmunoassay ohne Chromatographie nach der Methode von Fenske et al. (1982).

Aus den Aktivitäten der Doppelproben wurden die Cortisol-Kozentrationen mithilfe des Programmes „Radio-Immuno-Assay" Ver.2.03 (Bpsoft-TCC-TOS, Bayreuth) errechnet.

Der verwendete Antikörper war zu 100 % Cortisol-spezifisch und zeigte folgende Kreuzreaktionen mit anderen Steroidhormonen: Corticosteron 1,3 %, Cortison 2,0 %, Desoxycortisol 10,0 %, Desoxycorticosteron, 17-ÆHydroxy-Progesteron 2,5 %, Progesteron, Testosteron, Androstendion und Aldosteron jeweils unter 1,0 % (Intraassayvarianz < 5 %, Interassayvarianz < 10 %).

II.7 Messung der Herzschlagfrequenz

Um die Aktivierbarkeit des Sympathikus-Nebennierenmark-Systems zu messen, wurde mittels einer einfachen, nichtinvasiven Methode die Herzschlagfrequenz während des täglichen Wiegens bestimmt: Mithilfe einer von mir selbst entwickelten Apparatur (vgl. Beer 1998 und VIII Anhang), konnte innerhalb von jeweils 30s die Herzschlagfrequenz jedes Tieres während des Wiegens aufgezeichnet werden. Die Herztöne wurden durch einen in die Wiegewanne eingebauten Messkopf (vgl. Abbildung 3) aufgenommen, elektronisch verstärkt und mittels eines modifizierten Diktiergerätes aufgezeichnet. Die Herzschlagfrequenz wurde dann mit einer halbautomatischen Methode protokolliert und berechnet (Näheres vgl. Beer 1998 und VIII Anhang).

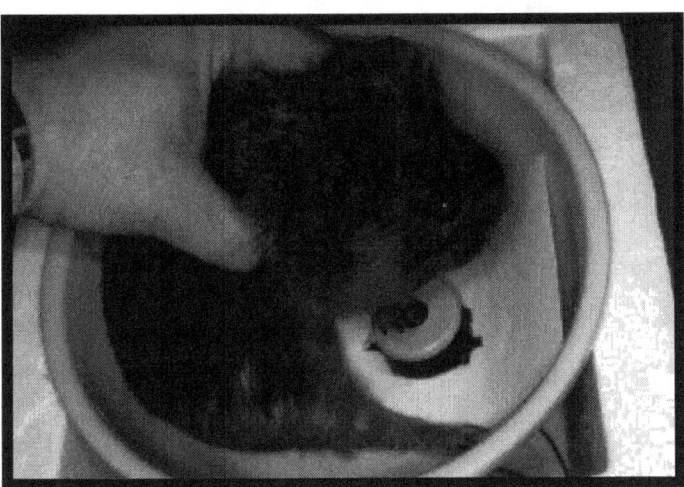

Abbildung 3: Ein Meerschweinchen wird in die Herzschlagfrequenz-Messwanne gesetzt. Der Messkopf kommt unter dem Thorax des Tieres zu liegen.

Die Messungen erfolgten jeweils am Samstag und Sonntag, weil an diesen Tagen deutliche Störungen wie etwa durch tierpflegerische Tätigkeiten im Nachbarraum nicht auftraten. Aus beiden Werten eines Tieres wurde dann ein Mittelwert berechnet. Die Messungen nicht trächtiger Kontrollweibchen entsprachen den Literaturwerten telemetrisch gemessener Tiere (Fara and Catlett 1971; Wagner and Manning 1976; De Pasquale et al. 1994; Malkin et al. 1998).

II.8 Gewichtsbestimmung und -auswertung

Alle 26 Versuchstiere wurden bis zu ihrem Lebensende täglich gewogen (vgl. Abbildung 4). Das Wiegen fand während der täglichen Untersuchungsprozedur um ca. 13:00 Uhr in täglich wechselnder Reihenfolge statt. Die Genauigkeit der Waage (Sartorius PT6, Göttingen) war 1 g.

Abbildung 4: Während der täglichen Wiegeprozedur sitzen die Meerschweinchen ruhig in der Wanne.

II.8.1 Mittlere Wachstumsrate

Für jedes Weibchen wurde die Gewichtsdifferenz zwischen Versuchsbeginn mit 20 Tagen und dem Tag nach dem ersten Wurf berechnet. Die Division dieses Betrages durch die Anzahl der Tage, die verstrichen waren, ergab für jedes Tier eine mittlere tägliche Zunahme, die als Wachstumsrate bezeichnet wurde.

II.8.2 Mittelwertbildung

Da die Weibchen zum Zeitpunkt ihrer ersten beiden Würfen noch nicht ausgewachsen waren, unterschied sich ihr Gewicht in diesen Lebensphasen jeweils signifikant von dem in späteren Phasen. Mittelwerte wurden daher erst ab dem jeweils dritten Wurf gebildet.

II.8.3 Gewichtszuordnung zu den Paritäten

Da sich die Zeitpunkte, zu denen die Würfe der Weibchen beider Versuchsgruppen stattfanden, nicht signifikant unterschieden, war ein Vergleich möglich. Trotzdem wurden - um eine realistische Zuordnung nach Parität und Alter zu erhalten - Würfe die außerhalb des 95 % Vertrauensbereiches des Mittelwertes der Kontrolltiere stattfanden, der entsprechenden späteren Parität zugeordnet. Dies war bei drei Tieren der Fall, die entweder sehr spät mit der Reproduktion begannen oder zwischenzeitlich länger ausgesetzt hatten. Diese Zuordnung hatte jedoch keinerlei Einfluß auf die Signifikanz der Ergebnisse der statistischen Tests.

II.8.4 Kurvenanpassung an die Wachstumsgleichung

Da neben dem Belastungszustand auch das Alter und der Trächtigkeitszustand der Weibchen einen offensichtlich starken Einfluß auf das jeweils gemessene Gewicht hatten, wurde zur Beschreibung und zum Vergleich standardisierter Gewichtsverläufe eine Kurvenanpassung nach von Bertalanffy vorgenommen. Diese hat einen sigmoidalen Verlauf, einen Wendepunkt bei ca. 1/3 des Endgewichtes und wird dem Metabolismustyp der oberflächenproportionalen Respiration zugeordnet, ist daher für Säugetiere anwendbar (von Bertalanffy 1960; Raffel 1997).

Die Wachstumsgleichung nach von Bertalanffy lautet:

$$y = a * \left[1 - \left(\frac{e^{-\left(\frac{x-x_0}{b}\right)}}{3}\right)\right]^3$$

26   Tiere, Material und Methoden

y: Gewicht zum Zeitpunkt x

a: Endgewicht, Asymptotengewicht

x: Alter

x_o: Alter am Wendepunkt

b: Wachstumskonstante

e: Basis des natürlichen Logarithmus, Eulersche Zahl (2,71828...)

Zur Anpassung an die Funktion wurde das Programm „Sigma Plot Regression Wizard" (Jandel, SPSS Inc., Chicago) benutzt. Dabei wird der Marquardt-Levenberg Algorithmus benutzt, der iterativ die Summe der quadrierten Differenzen zwischen beobachteten und vorhergesagten Werten der abhängigen Variablen minimiert.

Um Anpassungen an Werte ohne Einfluß der Trächtigkeit zu erreichen, wurden für jedes Tier Meßwerte folgender Tage verwendet: Alle Werte bis 48 Tage (zwei Trimester) vor dem ersten Wurf, alle Werte von jeweils mindestens 20 Tagen nach jedem Wurf. Davon weggelassen wurden alle Werte die jeweils bis 48 Tage (zweites und drittes Trimester) vor jedem Wurf erhoben wurden.

Die Wachstumskonstante (b) ist proportional der altersspezifischen Wachstumsrate. Das Asymptotengewicht (a) beschreibt das Endgewicht das ausgewachsenen Tieres unter der Annahme, sein Wachstum folge der o.g. Gleichung.

Der Standardfehler der gefundenen Approximation (SEE) beschreibt, wie gut sich die Werte der gefundenen Kurve annähern. Er ist somit auch ein Maß für die Gleichförmigkeit bzw. Unregelmäßigkeit der Gewichtsentwicklung.

II.9 Erfassung und Auswertung von Reproduktionsdaten

II.9.1 Bestimmung von Geburts- und Wurfparametern

Täglich wurden alle Gehege auf neue Würfe kontrolliert. In der Regel konnten die Würfe jeweils einem Weibchen folgendermaßen zugeordnet werden: Öffnung der Vagina (teilweise mit Blutspuren), Gewichtsverlust, Aufenthalt des Weibchens (i.d.R. hielt sich das Weibchen bei den Jungtieren auf). Da auch die Wurfgrößen und Wurfhäufigkeiten der residenten Weibchen erfaßt wurden, konnte auch von dieser Seite ein Ausschluß der Mutterschaft erfolgen.

Von jedem lebenden Jungtier wurde individuell sein Geschlecht, sein Gewicht und seine Fellzeichnung erfaßt (vgl. Abbildung 5). Gleichfarbige Junge wurden mit Fell-Schnitten markiert. Von tot aufgefundenen Jungtieren wurde - sofern möglich - ebenfalls Geschlecht und Gewicht bestimmt. Diese Jungtiere wurden als perinatale Sterbefälle bezeichnet. Alle überlebenden Jungtiere wurden an ihrem 20. Lebenstag nochmals gewogen und dann abgesetzt. Jungtiere, die innerhalb dieser 20 Tage starben, wurden als postnatal gestorben bezeichnet.

Abbildung 5: Ein neugeborener Wurf. Meerschweinchen sind Nestflüchter und kommen daher mit Fell und geöffneten Augen auf die Welt.

II.9.2 Bestimmung des Status der Vaginalmembran

Die Vagina von Hausmeerschweinchen ist außer zu Geburt und Östrus i.d.R. durch eine Membran verschlossen. Durch die tägliche Kontrolle der Öffnung (vgl. Abbildung 6) können geübte Personen Informationen zum Reproduktionsstatus des Tieres erhalten

(Stockard and Papanicolaou 1919; Wagner and Manning 1976). Manchmal erfolgt die Ruptur der Vaginalmembran unvollständig. Von jedem Weibchen wurde täglich notiert, ob seine Vagina offen, geschlossen oder unvollständig geöffnet war.

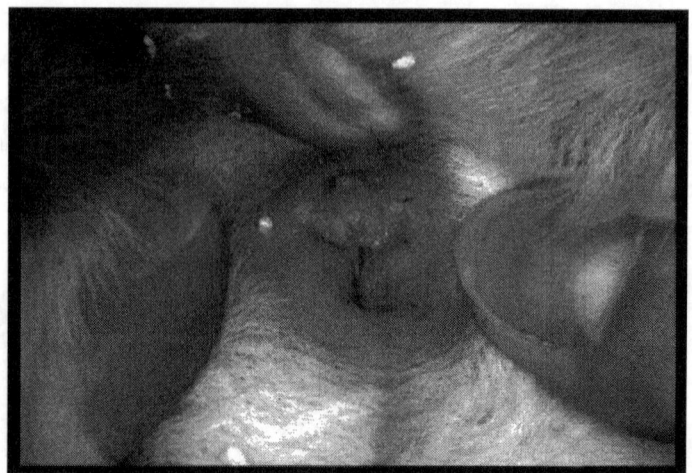

Abbildung 6: Beginnende Ruptur der Vaginalmembran.

II.9.3 Berechnung des Konzeptionszeitpunktes

Da Meerschweinchen einen Postpartumöstrus haben können, ist der frühest mögliche Konzeptionszeitpunkt der Tag des vorhergehenden Wurfes. Die Tragezeit von Hausmeerschweinchen beträgt im Mittel ca. 68 Tage. Nach Goy et al. (1957) ist die Tragezeit von Hausmeerschweinchen jedoch abhängig von der Wurfgröße. Zahlenmäßig größere Würfe werden früher geboren. Es wurde daher zur Bestimmung des jeweiligen Konzeptionszeitpunktes eine gewichtete lineare Regression mit den von Goy et al. angegebenen Daten durchgeführt.

Tragezeit = a * Wurfgröße + b

mit: a = - 0,6973; b = 70,9300; SD = 1,4410

Wenn der vorherige Wurf innerhalb des 95% Vertrauensbereiches + 1 Tag systematischer Fehler erfolgte, wurde dies als Postpartumkonzeption bezeichnet.

II.9.4 Feststellung von Trächtigkeit

Als Trächtigkeit wird der Zeitraum zwischen dem berechneten Konzeptionstag und der Geburt bezeichnet. Etwa einen Monat vor der jeweiligen Geburt kam es immer zu einem steilen Anstieg der Gewichtskurve (vgl. Abbildung 7, Abbildung 8). Starb ein Weibchen bevor es werfen konnte, wies aber den charakteristische schnelle Gewichtszunahme auf, wurde es ebenfalls als trächtig bezeichnet. In einem Fall wurde nach einer so festgestellten Trächtigkeit kein Jungtier aufgefunden. Wahrscheinlich handelte es sich dabei um eine Resorption.

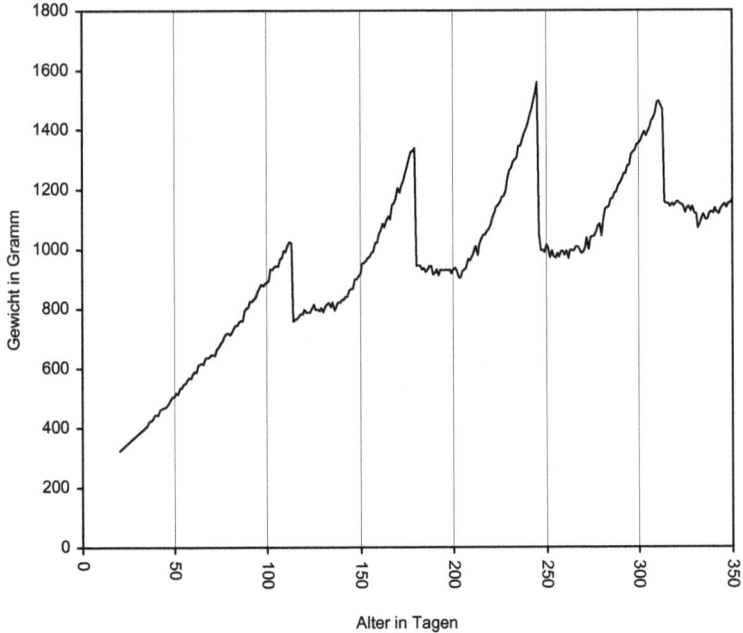

Abbildung 7: Der charakteristische Gewichtsverlauf eines weiblichen Hausmeerschweinchens während seiner ersten vier Graviditäten.

30 Tiere, Material und Methoden

Abbildung 8: Kurz vor der Geburt können weibliche Hausmeerschweinchen einen erheblichen Körperumfang haben.

II.10 Erfassung und Auswertung ethologischer Daten

II.10.1 Videoaufnahmen

Das Verhalten der untersuchten Tiere wurde je zweimal mithilfe einer Videoanlage während je ca. 24 Stunden kontinuierlich aufgezeichnet. Die Anlage bestand aus einer infrarotsensitiven CCD-Kamera (Scanvision VS450, Empfindlichkeit 0,05 Lux) mit 6,5 mm Objektiv, aus einem Infrarotscheinwerfer (Elbex ELIR 1385/30), einem Electret-Kondensator-Mikrofon und einem Time-lapse Videorecorder (Panasonic AG6730 mit VITC-Interface IR670). Kamera, Scheinwerfer und Mikrofon wurden als Einheit jeweils in ca. 2,2 m Höhe über den Gehegen an der Wand befestigt. Das Umstellen der Kameraeinheit wurde jeweils unmittelbar nach dem täglichen Umsetzen der Tiere durchgeführt. Die Angleichung der Lichtempfindlichkeit erfolgte automatisch. Blende und Fokussierung wurden so eingestellt, daß sich der Gehegeboden sowohl bei sichtbarem Licht, als auch bei Infrarotbeleuchtung im Tiefenschärfebereich befand. Diese Einstellungen und die Tatsache daß der Recorder sich außerhalb des Haltungsraumes befand, ermöglichten es jederzeit völlig ungestörte Aufnahmen zu erhalten, ohne den Raum betreten zu müssen. Der Videorecorder wurde so eingestellt, daß er für jeweils ca. 24 Stunden Bild, Ton, Zeiteinblendungen und ein VITC-Zeitsignal (Vertical Interlace Time Code) auf einer 180 min VHS-Cassette aufnahm. Insgesamt wurden ca. 1000 h Videomaterial ausgewertet.

Zur Auswertung wurden nur Videoaufnahmen von Weibchen gleichen Reproduktionsstatus (z.b. Abstand vom/zum nächsten Wurf) herangezogen. Weiterhin wurde statistisch überprüft, ob sich die Weibchen der beiden Kategorien zum Zeitpunkt der ausgewerteten Aufnahmen in ihrem reproduktionsbiologischen Status unterschieden. Auch bei den Aufnahmen mit Jungtieren wurde überprüft, ob sich die Anzahl oder das Alter der Jungtiere von Weibchen der beiden Kategorien zum Zeitpunkt der Aufnahmen unterschieden. All diese Überprüfungen erbrachten keine signifikanten Unterschiede. Es kann daher von vergleichbaren Bedingungen ausgegangen werden.

II.10.2 Registrierung und Auswertung

Die Registrierung und Auswertung der Verhaltensweisen erfolgte mithilfe des Programmes „The Observer" Ver.3.0 (Noldus Information Technology, The Netherlands). Ein „focal sampling" mit „continuous recording" (vgl. Martin and Bateson 1994; Lehner 1996) wurde mit einer zeitlichen Auflösung von 1s durchgeführt. Verhalten und Interaktionspartner wurden mit der Tastatur als Buchstaben-/Zahlencodes eingegeben.

Mithilfe des aufgezeichneten Time-Codes und eines computergekoppelten VITC-Lesegerätes konnten die Verhaltensweisen auch nach Vor-, Rückspulen, Bildsuchlauf und Standbildern automatisch der exakten Zeit zugeordnet werden.

II.10.3 Verhaltensweisen

II.10.3.1 Time-budgets

Um Time-budgets des Verhaltens (vor allem des Individualverhaltens) der Fokusweibchen erstellen zu können, wurde von folgenden Verhaltensweisen Dauer und Häufigkeit erfaßt:

Liegen allein: Ein Tier liegt bewegungslos auf dem Bauch oder der Seite und hat dabei i.d.R. die Augen geschlossen. Häufig wird dieses Verhalten in der Literatur auch als Ruheverhalten bezeichnet.

Liegen ist die Summe der Dauer von **Liegen allein** und **Kontaktlegen** (s.u.).

Fressen vom Trog: Ein Tier nimmt Futterpellets mit dem Maul auf und führt Kaubewegungen durch. Häufig stützt es sich mit den Vorderpfoten dabei auf den Rand des Futtertroges.

Fressen sonst: Futterpellets oder Heuhalme werden mit dem Maul aus der Streu aufgelesen und gefressen.

Fressen ist die Summe der Dauer von **Fressen vom Trog** und **Fressen sonst**.

Trinken: Ein Tier streckt den Kopf nach oben zur Wasserflasche und leckt an der Öffnung oder nimmt den Metallnippel ins Maul und führt dabei nagende Bewegungen aus.

Putzen: Ein Tier führt kratzende und „waschende" Bewegungen mit Vorder- und Hinterpfoten an seinem Körper aus.

Säughocken: Ein säugendes Weibchen nimmt eine „sitzende" Körperhaltung ein, während Jungtiere unter ihren Leib kriechen.

Säugliegen: Ein Weibchen liegt auf der Seite während seine Jungtiere saugen.

Säugen ist die Summe der Dauer von **Säughocken** und **Säugliegen**.

Sonst aktiv: Ein Tier führt keine der bisher genannten Aktivitäten aus. Es durchstreift z.B. das Gehege. Fast alle Sozialverhaltensweisen (s.u.) wurden während dieser Zeit beobachtet.

II.10.3.2 Sozialverhalten

Um die soziale Stellung der Weibchen charakterisieren zu können, wurden die Häufigkeiten folgender Sozialverhaltensweisen einschließlich der jeweiligen Interaktionspartner registriert: Sowohl Verhaltensweisen, die das Fokusweibchen gegenüber den ansässigen Tieren, als auch das Verhalten dieser Tiere gegenüber dem Fokusweibchen, wurden erfaßt.

Kontaktverhalten:

Beschnuppern: Die Nase eines Tieres befindet sich in unmittelbarer Nähe oder in Kontakt mit einem anderen Tier. Der Kopf wird dabei häufig vorgestreckt.

Nasoanallecken: Intensives Beschnuppern und Belecken der Analregion eines anderen Tieres. In der Regel wird der Kopf dabei seitlich verdreht.

Folgen: Ein Tier läuft in ruhiger Gangart hinter einem anderen her, ohne es dabei zu berühren.

Kontaktlegen: Ein Tier legt sich mit Körperkontakt zu einem bereits liegenden Tier (vgl. Abbildung 48).

Agonistisches Verhalten:

Drohen: Ein Tier steht einem anderen reglos frontal gegenüber („Fixieren"). Oder es stellt sich schräg oder quer zum Opponenten auf und dreht ihm sein Hinterteil zu ohne seinen Kopf dabei abzuwenden („Schrägstellen").

Angreifen: Ein Tier springt an oder auf ein anderes und beißt es häufig dabei.

Ausweichen: Eindeutiges Zurückweichen, Ausweichen oder Fliehen eines Tieres vor einem anderen über mehrere Schritte oder Sprünge.

Werbe- und Sexualverhalten:

Rumba: Zeitlupenhaftes abwechselndes Auftreten mit den Hinterbeinen und hin- und herwiegendem Hinterkörper. Dabei wird i.d.R. ein tiefes vibrierendes Geräusch ausgestoßen. Rumba wird i.d.R. von Männchen vor dem umworbenen Tier ausgeführt oder es wird dabei umkreist.

Aufreiten: Besteigen eines Tieres mit den Vorderpfoten. Die Flanken des bestiegenen Tieres werden mit den Vorderpfoten umklammert.

Rangindex: Der Rangindex RI bezeichnet den relativen Erfolg, den Tiere bei agonistischen Interaktionen haben. Er wird berechnet nach der Formel:

$RI = (Ag^+) / ((Ag^+) + (Ag^-))$ mit:

Ag^+: Häufigkeit mit der das Tier andere Tiere zum Ausweichen veranlaßte

Ag^-: Häufigkeit mit der das Tier vor Anderen auswich

Der Index kann von 0 (vollständige Unterlegenheit) bis zu 1 (vollständige Dominanz) variieren.

Weiterhin wurde protokolliert, wann das Licht an- und ausgeschalten wurde (deutlich erkennbar an der Helligkeitsveränderung des Videobildes) und wann die Tür geöffnet und geschlossen wurde (deutlich hörbar).

II.10.3.3 Ortsdaten

Um objektive Daten zur Raumnutzung und zum räumlichen Sozialverhalten der Tiere zu erhalten, wurden sämtliche Videoaufzeichnungen ein zweites Mal ausgewertet, wobei für jedes Tier in Minutenabständen sein Aufenthaltsort bestimmt wurde. Die verwendete halbautomatische Methode ist ein Weiterentwicklung der in Beer (1996) beschriebenen Methode (vgl. VIII Anhang).

Ein von einem Videorecorder geliefertes Videosignal wird in einem IBM-kompatiblen Computer unter Microsoft Windows mithilfe einer Frame-Grabberkarte und dem dazugelieferten Treiber für die Windows-Medienwiedergabe in einem Fenster auf dem Computerbildschirm dargestellt. Weiterhin wird ein Digitizer-Programm („WinDIG" Ver. 2.5, D. Lovy, Genevre) gestartet. Dessen Auswertungsfenster und Einstellungen werden so gewählt, daß das auszuwertende Gehege im Overlay-Verfahren vollständig dargestellt wird. Anschließend werden die Größenverhältnisse und die Lage des Geheges kalibriert. Die eigentliche Erfassung der Ortsdaten kann nun durch einen einfachen Mouse-click erfolgen. Die x- und y-Koordinaten der angeklickten Punkte werden daraufhin gespeichert. In minütlichen Abständen wird auf diese Weise die Position der Körpermitte jedes Tieres bestimmt. Die Koordinaten werden in ein Auswertungsprogramm eingelesen, das für jedes Tier folgende Parameter berechnen kann (näheres in VIII Anhang):

Lokomotorische Aktivität: pro Zeiteinheit zurückgelegte Strecke.

Raumnutzung: Zeit, die in bestimmten Zonen verbracht wurde, bzw. mit welchem Verhalten (durch die Kombination von Daten aus der „The Observer"-Auswertung).

Charakterisierung von sozialen Beziehungen:

Abstand zwischen 2 Tieren, auch während bestimmter Verhaltensweisen (durch die Kombination von Daten aus der „The Observer"-Auswertung).

Annäherung und Separation: Eine soziale Beziehung kann dadurch charakterisiert werden, daß sich die Tiere eher einander annähern oder von einander separieren, wobei diese Verhaltensweisen sowohl von jeweils einem, als auch von beiden Tieren ausgehen können. Auch die Verhaltensweisen Annäherung und Separation konnten mit den oben beschriebenen Daten ausgewertet werden.

Annähern: Distanzverringerung um mehr als 2 cm in zwei aufeinander folgenden Messungen. Das Tier das dabei die größere Entfernung zurückgelegt hat, nähert sich an.

Separation: Distanzvergrößerung um mehr als 2 cm in zwei aufeinander folgenden Messungen. Das Tier das dabei die größere Entfernung zurückgelegt hat, entfernt sich.

Da allein aus den auf diese Weise festgestellten Häufigkeiten von Annäherungen oder Separationen nicht auf den affiliativen Grad einer Beziehung geschlossen werden kann, muß ein kombiniertes Maß die Aktivität der beiden Tiere berücksichtigen. In Anlehnung an Hinde and Atkinson (1970) habe ich dafür folgendes Maß definiert:

Der Affiliationsindex AI:

Dieser Index gibt für jede beliebige Dyade von Tieren an, zu welchem Ausmaß jeweils ein Tier für die festgestellte mittlere Distanz verantwortlich ist. Es handelt sich dabei um die Differenz der relativen Häufigkeiten von Annäherung und Separation der beiden Tiere.

$AI_{1->2} = A_{1->2} / (A_{1->2} + A_{2->1}) - S_{1->2} / (S_{1->2} + S_{2->1})$

$AI_{2->1} = - AI_{1->2}$

36 Tiere, Material und Methoden

$AI_{1->2}$: Affiliationsindex für die Dyade aus Tier 1 und Tier 2.
$A_{1->2}$: Häufigkeit mit der sich Tier 1 an Tier 2 annähert.
$A_{2->1}$: Häufigkeit mit der sich Tier 2 an Tier 1 annähert.
$S_{1->2}$: Häufigkeit mit der sich Tier 1 von Tier 2 entfernt.
$S_{2->1}$: Häufigkeit mit der sich Tier 2 von Tier 1 entfernt.

Der Wert von $AI_{1->2}$ kann von -1 (nur Tier 2 ist für die Einhaltung der Distanz verantwortlich) bis 1 (nur Tier 1 ist für die Einhaltung der Distanz verantwortlich) betragen. Ein Wert von 0 besagt, daß beide Tiere zu gleichen Teilen für die Einhaltung der Distanz verantwortlich sind.

II.11 Statistische Tests und Parameter

II.11.1 Wahl der statistischen Tests

Gemäß den üblichen Konventionen (vgl. Lamprecht 1992; Lozán 1992; Sokal and Rohlf 1995; Sachs 1997) wurde bei der Auswahl der parametrischer oder nicht parametrischer statistischer Testverfahren zuerst das Datenniveau berücksichtigt. Das Kriterium der Normalverteilung wurde auf alle Stichproben mit entsprechenden Niveau angewandt und bei einer signifikanten Abweichung kamen verteilungsfreie Testverfahren, ansonsten parametrische Verfahren zur Anwendung. Eine Ausnahme von dieser Vorgehensweise bildeten Verhaltenshäufigkeiten, die naturgemäß lediglich ordinalskaliert sind und daher ohne Prüfung der Normalverteilung ausschließlich mit nichtparametrischen Verfahren getestet wurden (vgl. auch Siegel 1987; Martin and Bateson 1994; Lehner 1996).

Zur Überprüfung der Normalverteilung wurde der Kolmogorov-Smirnov-Test auf Normalverteilung angewandt. Lag keine Abweichung von der Normalverteilung vor, wurde bei Tests für zwei Stichproben ein Levene-Test auf Varianzgleichheit durchgeführt. Ein anschließender T-Test für unabhängige Stichproben wurde je nach Ergebnis des Levene-Tests für gleiche oder ungleiche Varianzen durchgeführt. Bei einem T-Test für gepaarte Stichproben wurde analog verfahren.

Zum nichtparametrischen Vergleich zweier unabhängiger Stichproben wurde der Mann-Whitney-U-Test durchgeführt. Für zwei abhängige Stichproben kam der Wilcoxon-Test für abhängige Stichproben zur Anwendung. Zur Überprüfung von Häufigkeitsverteilungen wurde der Chi-Quadrat-Test ausschließlich auf absolute Häufigkeiten angewendet.

Soweit nicht anders angegeben, war die Stichprobengröße sowohl für täglich wechselnde Tiere als auch für Kontrolltiere jeweils 13.

Für alle Tests werden die zweiseitig ermittelten asymptotischen Irrtumswahrscheinlichkeiten angegeben. Als Signifikanzgrenze wird gemäß Konvention ein asymptotisches p von 0,05 festgelegt ($p > 0,05$ ns = nicht signifikant). Wo von der Software angegeben, werden zur Information auch die nach dem „exact p"-Verfahren (Metha et al. 1984; Metha et al. 1988) berechneten p-Werte angegeben, wenn sie von der asymptotisch errechneten Irrtumswahrscheinlichkeit abwichen. Dieses Verfahren liefert für kleine Stichprobengrößen genauere Werte als das herkömmliche Verfahren, ist jedoch noch nicht weit verbreitet.

Alle statistischen Tests und Parameter wurden mit dem Programm „SPSS für Windows" Ver. 7.5 (SPSS Inc., Chicago) berechnet.

Als Lage- und Variabilitätsmaße wurden verwendet:
Arithmetischer Mittelwert (MW), Standardabweichung (SD), Standardfehler des Mittelwertes (SEM), Variationkoeffizient, Median, Quartile (Q).

Als Zusammenhangsmaß wurde verwendet:
Korrelationskoeffizient nach Pearson (r).

II.11.2 Erläuterungen zu den Abbildungen

Bei der Darstellung von Stichproben folge ich den in der Literatur üblichen Verfahrensweisen: Für physiologische Variablen werden Balken, für ethologische und weitere bei Nichtvorliegen einer Normalverteilung Boxplots verwendet. Die Abbildungen wurden mit den Programmen „Xact" Ver. 5.0 (SCIlab, Hamburg), „Sigmaplot" Ver. 4.0

(Jandel, SPSS Inc., Chicago), „Excel" Ver. 7.0 (Microsoft, Redmont) und „Corel Draw" Ver 7.0 (Corel, Ottawa) erstellt.

Bei der Darstellung von Mittelwerten einer Stichprobe wird als Varianzmaß die Standardabweichung (SD) verwendet. Wurde der Mittelwert wiederum aus gemittelten Werten berechnet, wird als Variabilitätsmaß der Standardfehler des Mittelwertes (SEM) angegeben. SD stellt nach Sachs (1997) die „Standardabweichung der Einzelwerte", SEM die „Standardabweichung der Mittelwerte" dar.

III Ergebnisse

III.1 Lebensdauer der Weibchen

Dreizehn weibliche Hausmeerschweinchen wurden lebenslang täglich in eine andere soziale Umwelt (dreizehn verschiedene Gruppen mit je einem Männchen und einem Weibchen) gesetzt. Wie die Ergebnisse zeigen, wurde dadurch ihre Lebensdauer im Vergleich zu identisch behandelten Kontrolltieren drastisch verkürzt. Während Kontrollweibchen im Mittel 934 Tage alt wurden, starben täglich umgesetzte Weibchen etwa ein Jahr (350 Tage) früher (vgl. Abbildung 9).

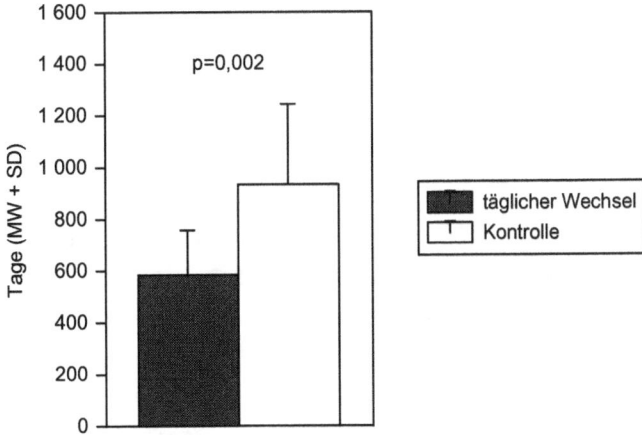

Abbildung 9: Lebensdauer der untersuchten Weibchen. T-Test für unabhängige Stichproben, T = - 3,553.

Folgt man der Einteilung in Altersklassen von Rogers (1951), so erreichen täglich umgesetzte Weibchen im Mittel das „mittelalte", Kontrollweibchen das „senile" Alter.

40 Ergebnisse

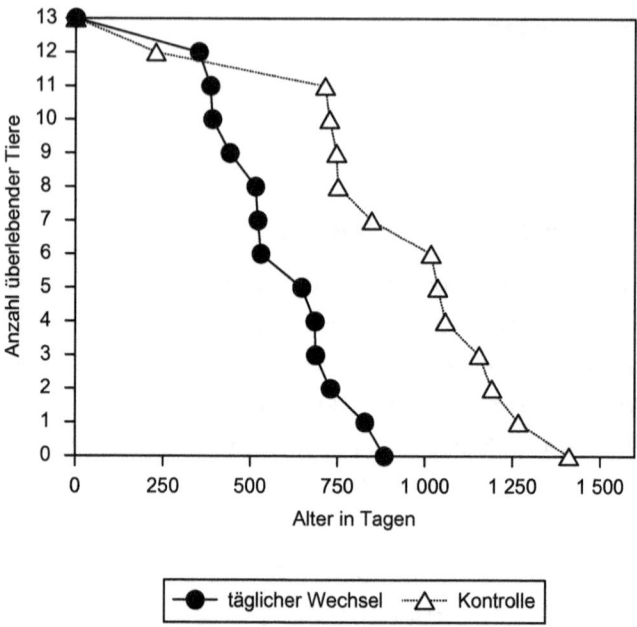

Abbildung 10: Überlebenskurven der untersuchten Weibchen.

In dem Alter, in dem bereits alle täglich umgesetzten Tiere gestorben waren, lebte noch über die Hälfte der Kontrolltiere (vgl. Überlebenskurven in Abbildung 10). Das jüngste aller Versuchstiere war bei seinem Tod 228 Tage, das älteste 1412 Tage alt. Beide Gruppen zeigen ab dem Erreichen eines zwar unterschiedlichen aber bestimmten Alters (Kontrollen: 714 Tage, täglicher Wechsel: 351 Tage) eine konstante Mortalität. Ab einem Alter von 686 Tagen unterscheidet sich die Anzahl in beiden Gruppen gestorbener Weibchen signifikant (Chi-Quadrat=6,400, df=1, p=0,011[1]).

---

[1] exact p=0,021

III.2 Aktivität der Hypophysen-Nebennierenrinden-Achse

Ein Maß für die Aktivierung des Hypophysen-Nebennierenrinden-Systems ist die Serumkonzentration von Cortisol. Da bei weiblichen Hausmeerschweinchen die meßbaren Cortisolkonzentrationen im Blut während verschiedener Reproduktionsstadien erheblich schwanken, wurden alle Blutproben ausschließlich an adulten Tieren im identischen Reproduktionszustand gewonnen.

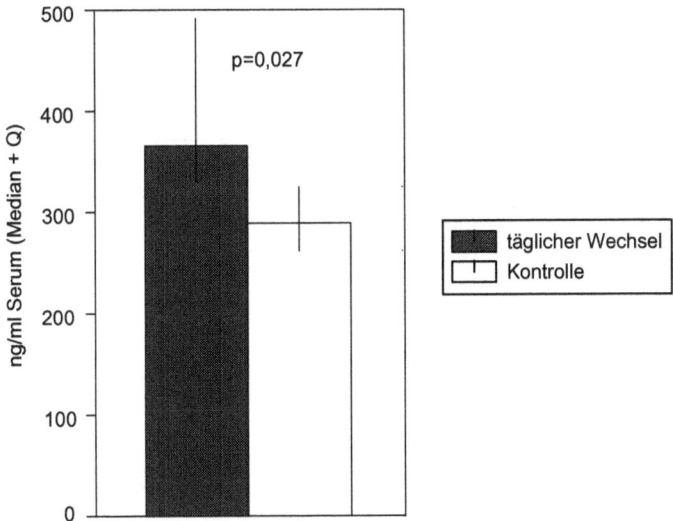

Abbildung 11: Mittlere chronische Konzentration von Cortisol im Serum von täglich umgesetzten und von Kontrollweibchen. Mann-Whitney U-Test; $U = 7{,}0$, $N_{\text{täglicher Wechsel}} = 6$, $N_{\text{Kontrolle}} = 8$.

Um für jedes Tier einen Wert zu erhalten, der die langfristige Aktivierung der Hypophysen-Nebennierenrinden-Achse repräsentiert, wurde für jedes Weibchen aus ca. 4 Messungen während ca. 8 Monaten ein Wert ermittelt. Die chronischen Cortisolkonzentrationen von täglich umgesetzten Weibchen waren deutlich höher, als die von Kontrolltieren (vgl. Abbildung 11).

III.3 Reaktivität der Sympathikus-Nebennierenmark-Achse

Als Maß für die langfristige Anpassung des Sympathikus-Nebennierenmark-Systems an Belastung, kann dessen Reaktivität unter Standardbelastungen herangezogen werden. Zur Bestimmung dieser Reaktivität ist die Herzschlagfrequenz gut geeignet.

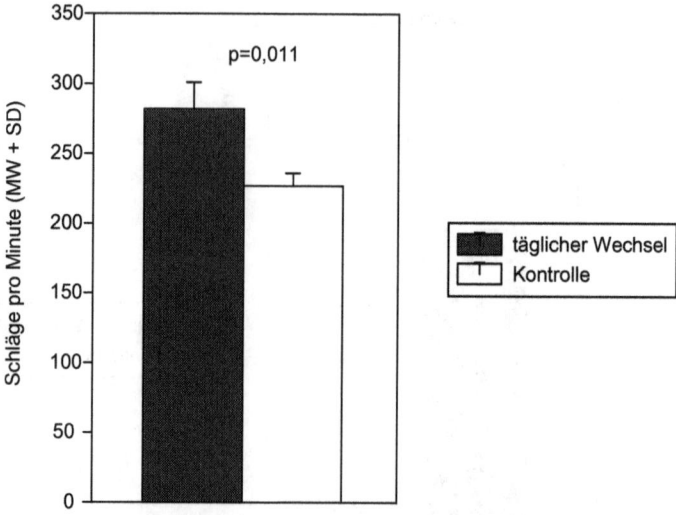

Abbildung 12: Die mittlere Herzschlagfrequenz von täglich umgesetzten und von Kontrollweibchen während einer Standard-Handlingprozedur. T-Test für unabhängige Stichproben, $N_{täglicher Wechsel} = 3$, $N_{Kontrolle} = 5$, $T = 4,53$.

Die Herzschlagfrequenzen von täglich wechselnden Weibchen war deutlich höher als die von Kontrolltieren: Die täglich wechselnden Tiere hatten eine im Mittel um 38 Schläge pro Minute höhere Herzrate als Kontrolltiere (vgl. Abbildung 12).

III.4 Gewichtsentwicklung der Weibchen

Um festzustellen, ob die soziale Instabilität die körperliche Entwicklung der Versuchstiere beeinflußt, wurden alle Tiere täglich gewogen.

III.4.1 Gewichtsentwicklung bis zum ersten Wurf

Da die jungen Weibchen den beiden Kategorien „täglicher Wechsel" und „Kontrolle" zufällig zugewiesen wurden, waren die Ausgangsbedingungen für die Gewichtsentwicklung beider Versuchsgruppen identisch. Dies wurde auch statistisch überprüft: Weder ihre Geburtsgewichte, noch die Gewichte am Tag des Versuchsbeginnes unterschieden sich signifikant.

Ab dem 36. Lebenstag (16 Tage nach Versuchsbeginn) gab es einen signifikanten Gewichtsunterschied zwischen den beiden Versuchsgruppen (T-Test für unabhängige Stichproben T=2,182, p=0,039). Die täglich umgesetzten Tiere waren ab diesem Alter deutlich schwerer als Kontrollen (vgl. Abbildung 13).

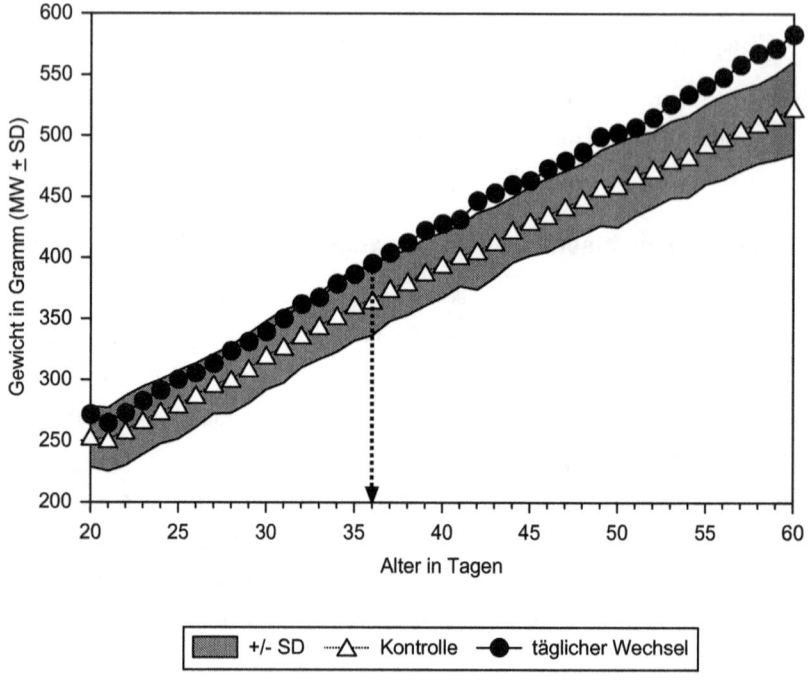

Abbildung 13: Die tägliche Gewichtsentwicklung der Weibchen. Ab dem 36. Lebenstag unterscheiden sich die Gewichte signifikant (gestrichelter Pfeil).

Der Gewichtsunterschied vergrößert sich noch bis zu dem Alter, in dem die Weibchen ihren ersten Wurf hatten (vgl. Abbildung 15). Ein Einfluß unterschiedlicher Jungtierzahlen oder -gewichte auf diesen Unterschied dürfte nicht bestehen, da sich die Aussage auf das Gewicht nach der Geburt bezieht. Verantwortlich für den vergrößerten Gewichtsunterschied ist eine höhere Wachstumsrate der täglich umgesetzten Weibchen, die täglich etwa 1 Gramm mehr zunahmen als Kontrolltiere (vgl. Abbildung 14). Eine zufällig durch die Auswahl der täglich umzusetzenden Tiere entstandene genetische oder sonstige vor dem Versuch liegende Prädisposition zu höherem Gewicht ist auszuschließen, zumal es auch keine Beziehung des Gewichtes der Versuchsweibchen nach ihrem ersten Wurf mit dem eigenen Geburtsgewicht gibt (Korrelation: r = 0,088; p>0,05).

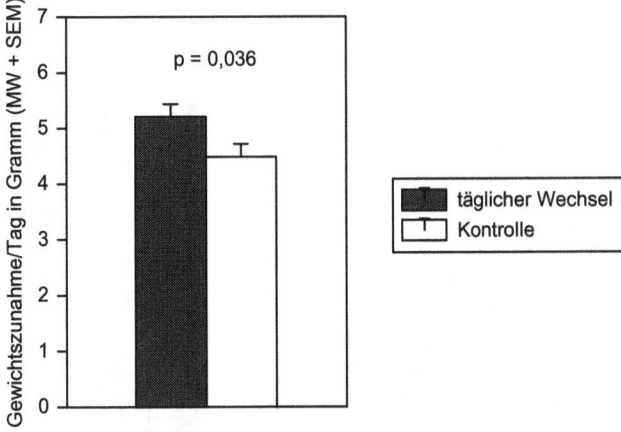

Abbildung 14: Die mittlere tägliche Wachstumsrate der Weibchen von Versuchsbeginn bis zum ersten Wurf (ohne Einfluß der Jungtierzahlen und -gewichte). T-Test für unabhängige Stichproben, T = 2,233.

III.4.2 Gewichtsentwicklung der adulten Tiere

Zum Zeitpunkt des ersten und zweiten Wurfes waren alle Weibchen noch leichter als zu späteren Wurfterminen. Trotzdem blieb der Gewichtsunterschied zwischen täglich umgesetzten Weibchen und Kontrollweibchen in vergleichbaren späteren Lebensabschnitten bestehen (vgl. Abbildung 15).

46 Ergebnisse

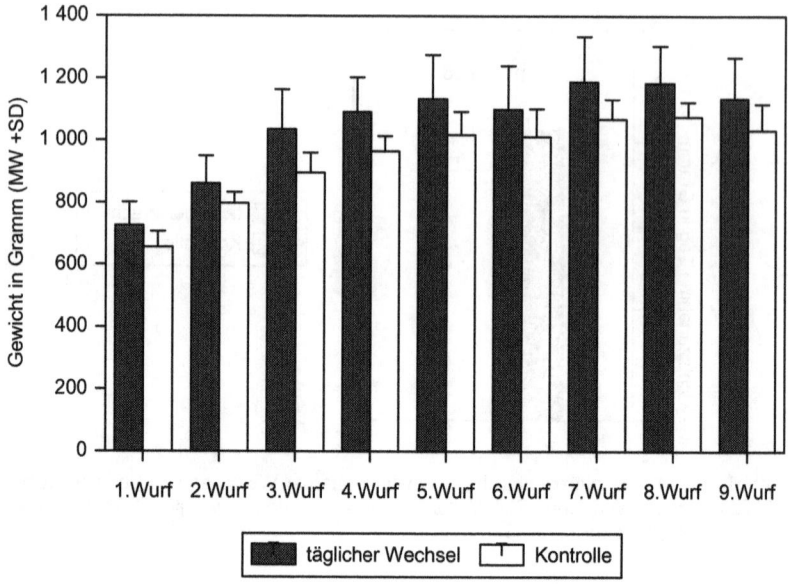

Abbildung 15: Das Gewicht der Weibchen an den Tagen an denen sie geworfen hatten. Zur Statistik vgl. Abbildung 16.

Da sich die Gewichte der Weibchen zum Zeitpunkt ihres ersten und zweiten Wurfes von den Gewichten zu späteren Zeitpunkten unterschieden, wurde ein Mittel erst ab dem 3. Wurf berechnet. Die Kontrollweibchen wogen unmittelbar nach der Geburt des dritten bis neunten Wurfes ca. 1 kg, die täglich umgesetzten Weibchen waren dagegen ca. 100 g schwerer (vgl. Abbildung 16).

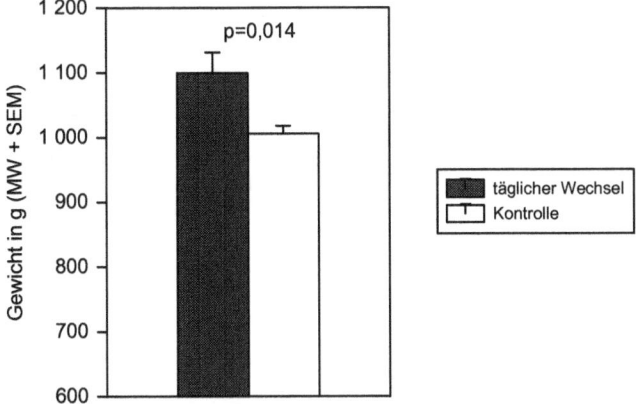

Abbildung 16: Das mittlere Gewicht der Weibchen nach den jeweiligen Würfen. Jeweils berechnet aus den Mittelwerten vom 3. bis 9. Wurf. T-Test für unabhängige Stichproben, T = 2,605.

III.4.3 Gewichtsentwicklung während der Laktation

Während der ersten 10 Tage nach der Geburt wird bei Hausmeerschweinchen die Hauptmenge an Milch gebildet (Mepham and Beck 1973; Wagner and Manning 1976; Künkele and Trillmich 1997). Während dieser Zeit nehmen adulte Weibchen i.d.R. ab.

48 Ergebnisse

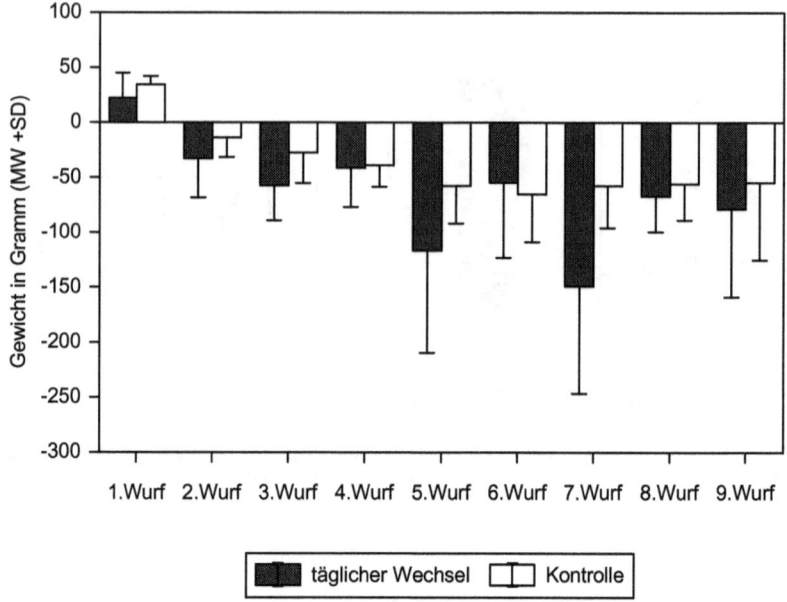

Abbildung 17: Die Gewichtsdifferenz der Weibchen innerhalb der ersten 10 Tage nach der Geburt. Zur Statistik vgl. Abbildung 18.

Während die Weibchen nach dem ersten Wurf auch während der Laktation zunahmen, weil sie sich selbst noch im Wachstum befanden, nahmen die adulten Tiere ab dem zweiten Wurf bei der Laktation im Mittel ab. Bei einzelnen täglich umgesetzten Weibchen betrugen die Gewichtsverluste nach dem Wurf ein Mehrfaches dessen, was Kontrolltiere in dieser Zeit abnahmen (vgl. 5. und 7. Wurf in Abbildung 17).

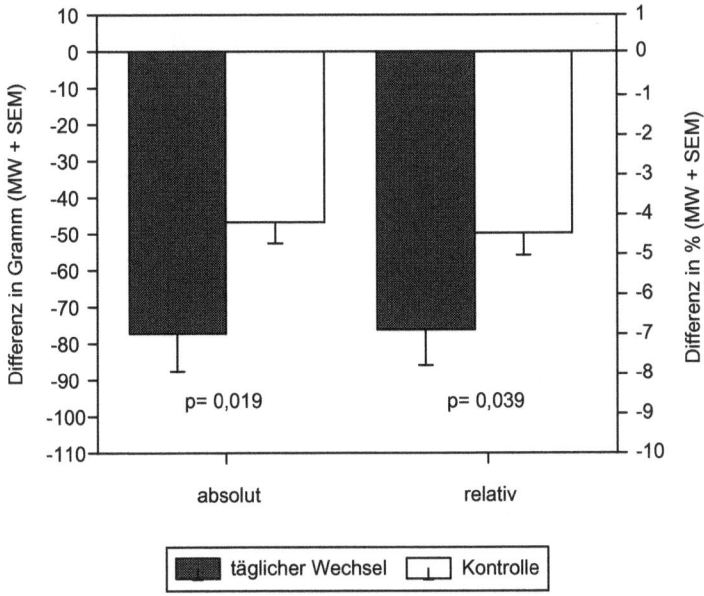

Abbildung 18: Die mittlere Gewichtsdifferenz der Weibchen von der Geburt bis 10 Tage postpartum. Jeweils berechnet aus den Mittelwerten vom 3. bis 9. Wurf. Jeweils T-Test für unabhängige Stichproben. Absolute Werte: T = - 2,557, relative Werte: T = - 2,194.

Obwohl die täglich umgesetzten Weibchen nach der Geburt deutlich schwerer waren als die Kontrollweibchen, nahmen sie während der Laktation nicht nur absolut, sondern auch prozentual mehr ab als die Kontrollen (vgl. Abbildung 18).

III.4.4 Anpassung an die Wachstumsgleichung

Um das Wachstum der Weibchen ohne den Einfluß der Trächtigkeit beschreiben zu können, wurden für die beiden Kategorien Wachstumsgleichungen berechnet (vgl. Raffel et al. 1996). In die Fits nach von Bertalanffy gingen nur Werte ein, die nicht von der Trächtigkeit beeinflußt waren.

50 Ergebnisse

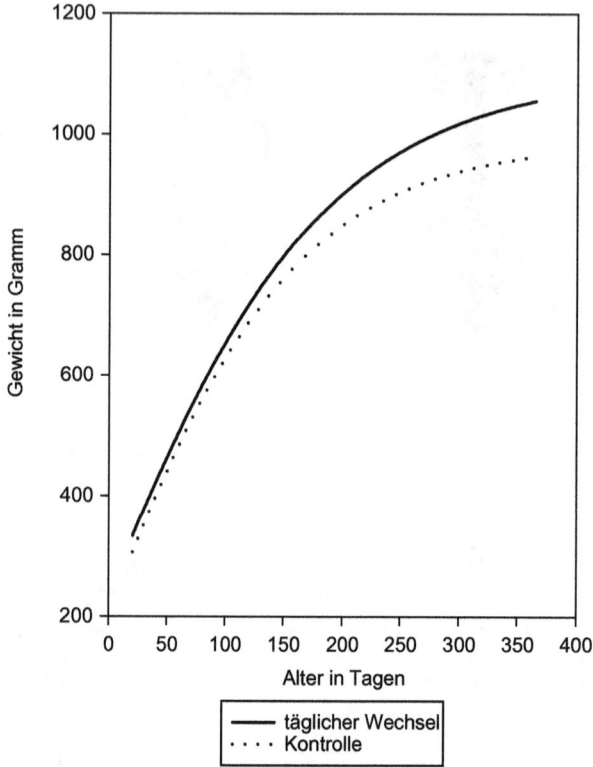

Abbildung 19: von Bertalanffy-Fits der Gewichte von täglich umgesetzten Weibchen und von Kontrollweibchen während ihres ersten Lebensjahres (Tag 20 bis 365) ohne Trächtigkeit.

Tabelle 2: Kenngrößen für von Bertalanffy Fits.

	R	SEE	*a*
Täglicher Wechsel	0,93	93,56	1103g
Kontrolle	0,96	66,58	989g

Die ermittelten Werte von R (Anpassungskoeffizient) und SEE (Standardfehler der Anpassung) zeigen, daß das Wachstum der täglich umgesetzten Weibchen durch die Gleichung schlechter beschrieben wird, als das von Kontrollweibchen. Die Asymptotengewichte (a) entsprechen in etwa den aus den individuellen Einzelwerten ermittelten Medianen (vgl. Abbildung 21).

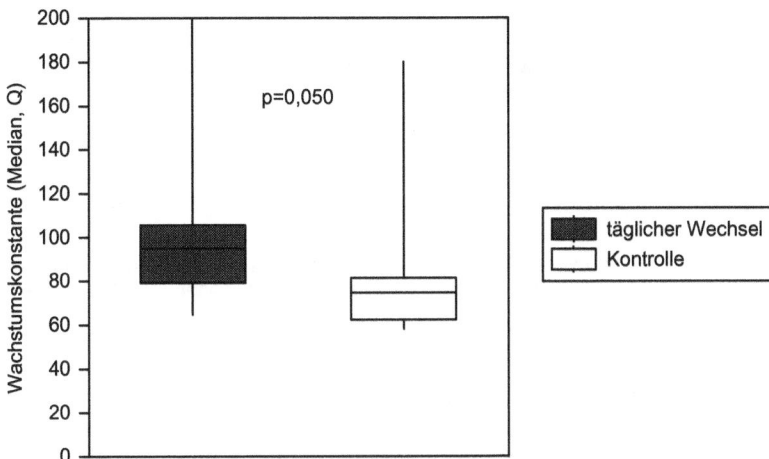

Abbildung 20: Die Wachstumskonstante der von Bertalanffy-Gleichung für täglich umgesetzte Weibchen und Kontrollweibchen. Fits über das erste Lebensjahr (Tag 20 bis 365) ohne Trächtigkeit. Mann-Whitney-U-Test, U = 46.

Die durch die Gleichung ermittelte Wachstumskonstante für täglich umgesetzte Weibchen ist signifikant höher, als die für Kontrollweibchen (vgl. Abbildung 20).

52 Ergebnisse

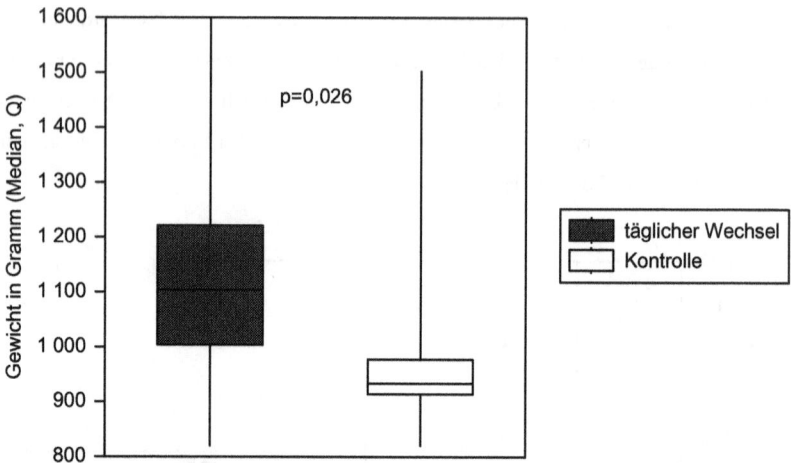

Abbildung 21: Das mittlere Asymptotengewicht der beiden Weibchenkategorien. Von Bertalanffy-Fits über das erste Lebensjahr (Tag 20 bis 365) ohne Trächtigkeit. Mann-Whitney-U-Test, U=41.

Auch die errechneten Endgewichte der beiden Weibchenkategorien unterscheiden sich signifikant und entsprechen den aktuellen Meßwerten adulter Weibchen nach den jeweiligen Würfen (vgl. Abbildung 21).

Bezüglich des Gewichtes bleibt Folgendes festzuhalten:
- Täglich umgesetzte Weibchen waren ab ihrem 36. Lebenstag schwerer als gleichalte Kontrollweibchen.
- Der Gewichtsunterschied vergrößerte sich noch durch eine größere Wachstumsrate.
- Auch als adulte Tiere waren die täglich wechselnden Weibchen zu vergleichbaren Zeitpunkten schwerer als Kontrollen.
- Während der Laktation nahmen die täglich umgesetzten Weibchen deutlich mehr an Gewicht ab als Kontrollweibchen.

• Eine Anpassung der individuellen Gewichtsverläufe an die Wachstumsgleichung nach von Bertalanffy unter Ausschluß trächtigkeitsbedingter Gewichtszunahmen bestätigte die unterschiedliche Entwicklung und das unterschiedliche adulte Gewicht.

III.5 Reproduktion der Weibchen

Um zu untersuchen, wie sich eine instabile soziale Umwelt auf Fertilität und Lebenszeit-Reproduktionserfolg auswirkt, wurden mehrere relevante reproduktionsbiologische Variablen bestimmt.

III.5.1 Geschlechtsreife

Charakteristisch für das Erreichen der Geschlechtsreife ist die erste Ruptur der Vaginalmembran und etwas später die erfolgreiche Erstkonzeption.

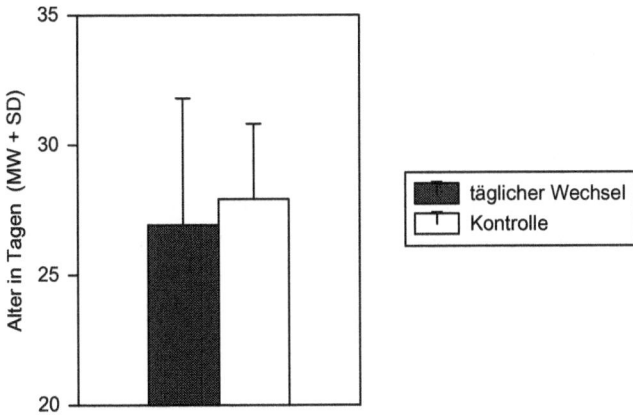

Abbildung 22: Alter der Weibchen bei der ersten Öffnung der Vaginalmembran. T-Test für unabhängige Stichproben (ns).

54   Ergebnisse

Es gibt bei den täglich umgesetzten Weibchen keinen Hinweis auf einen verzögerten Eintritt der Geschlechtsreife. Sowohl das Alter bei der ersten Öffnung der Vaginalmembran (Abbildung 22), als auch bei der Erstkonzeption (Abbildung 23) unterscheidet sich nicht signifikant von dem der Kontrollen.

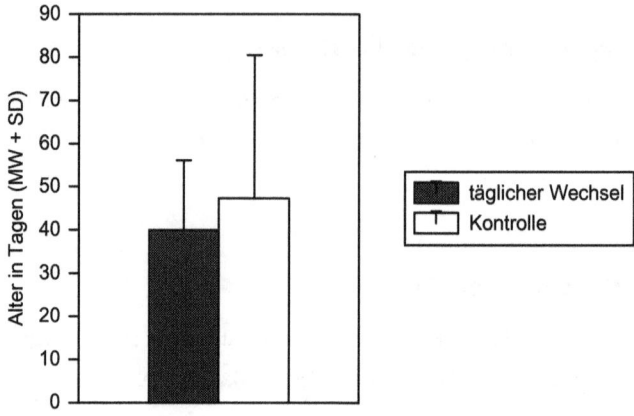

Abbildung 23: Berechnetes Alter der Weibchen bei der Konzeption des ersten Wurfes. T-Test für unabhängige Stichproben (ns).

Da neben dem Alter auch das Gewicht ein bestimmender Faktor für den Eintritt der Pubertät sein kann, wurden die entsprechenden Gewichte verglichen. Auch die Gewichte zum Zeitpunkt des Eintretens der Geschlechtsreife (erste Öffnung der Vaginalmembran, berechnete Konzeption des ersten Wurfes) bei Tieren beider Gruppen, unterschieden sich nicht (vgl. Abbildung 24).

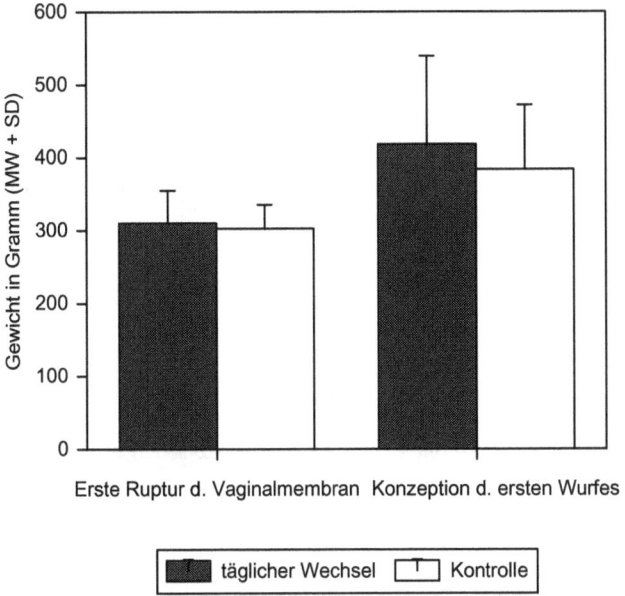

Abbildung 24: Gewichte der Weibchen bei Eintreten der Geschlechtsreife. Jeweils T-Test für unabhängige Stichproben (ns).

III.5.2 Postpartumkonzeption

Etwa die Hälfte aller zweiten und weiteren Würfe jeden Weibchens wurde postpartum konzipiert. Auch hier gab es keine Unterschiede zwischen den täglich wechselnden Weibchen und den Kontrollweibchen (vgl. Abbildung 25).

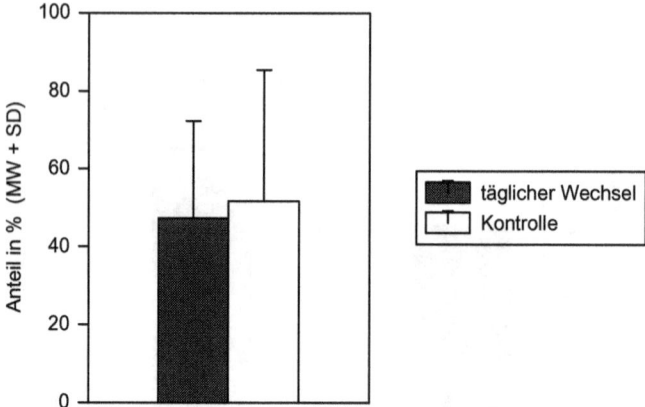

Abbildung 25: Der mittlere Anteil von postpartum konzipierten Würfen. T-Test für unabhängige Stichproben (ns).

III.5.3 Reproduktionserfolg

III.5.3.1 Lebenszeit-Reproduktionserfolg

Als eines der besten Maße für die Fitness eines Tieres gilt dessen Lebenszeit-Reproduktionserfolg. Dieser ist definiert als die Anzahl bis zur Geschlechtsreife überlebender Nachkommen, die ein Tier während seines Lebens produziert. Da in der institutseigenen Zucht die Mortalität zwischen dem Absetzalter (20 Tage) und dem Erreichen der Geschlechtsreife (Weibchen ca. 30 Tage (Brown-Grant and Sherwood 1971), Männchen ca. 50 Tage (Rigaudiere et al. 1976) vernachlässigbar gering ist (< 1%), nimmt die Definition von Reproduktionserfolg in der vorliegenden Arbeit Bezug auf am 20. Lebenstag lebende Jungtiere.

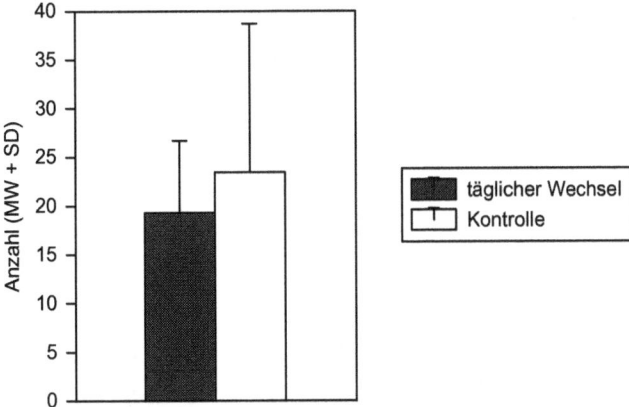

Abbildung 26: Der Lebenszeit-Reproduktionserfolg (mittlere Anzahl während der gesamten Lebens abgesetzter Jungtiere) von Weibchen der beiden Kategorien. T-Test für unabhängige Stichproben (ns).

Es besteht kein statistisch nachweisbarer Unterschied im Lebenszeit-Reproduktionserfolg der Weibchen beider Kategorien (vgl. Abbildung 26). Die täglich umgesetzten Weibchen setzten nahezu genauso viele Jungtiere ab, wie die Kontrollen.

III.5.3.2 Reproduktionshäufigkeit

Da täglich umgesetzte Weibchen früher starben als Kontrollen, wurde überprüft, ob sie sich während ihres gesamten Lebens auch seltener fortpflanzten als Kontrollen.

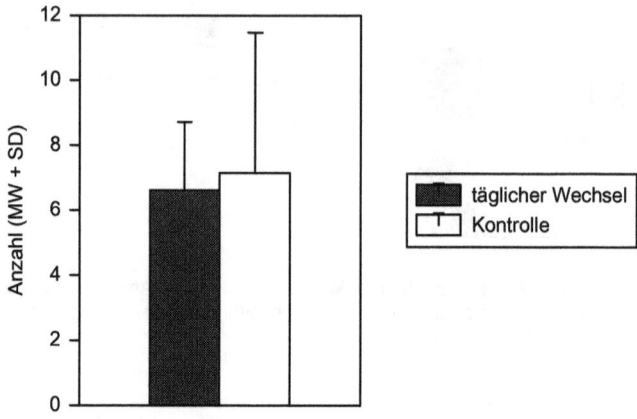

Abbildung 27: Mittlere Anzahl Würfe pro Weibchen während des gesamten Lebens. T-Test für unabhängige Stichproben (ns).

Die Weibchen beider Kategorien reproduzierten sich im Mittel etwa siebenmal in ihrem Leben (vgl. Abbildung 27). Es ist kein statistisch signifikanter Unterschied nachzuweisen.

III.5.3.3 Verlauf der reproduktiven Life-History

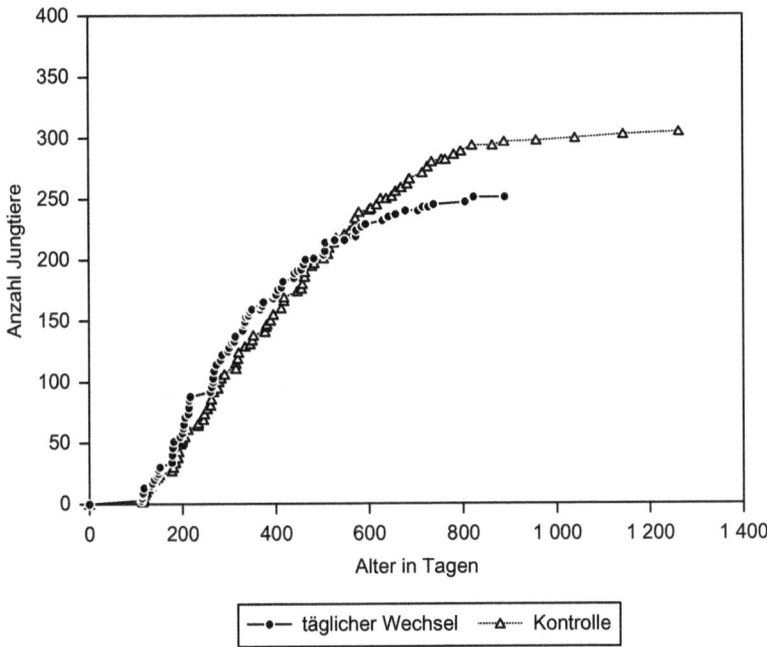

Abbildung 28: Kumulative Anzahl abgesetzter Jungtiere aller Weibchen der beiden Kategorien.

Insgesamt wurden von allen täglich umgesetzten Weibchen in der Summe weniger Jungtiere abgesetzt als von Kontrollen. Auffälligerweise verläuft deren Kurve in Abbildung 28 jedoch bis zum Alter von ca. 500 Tagen oberhalb der von Kontrollen. Besonders im Alter von ca. 200 Tagen steigt die Kurve der täglich umgesetzten Weibchen steil an. Dies entspricht dem Alter, ab dem die Weibchen als adult bezeichnet werden. Daher bietet es sich an, vor und nach diesem Zeitpunkt einen Vergleich der Reproduktionsrate auf individueller Basis durchzuführen.

III.5.3.4 Reproduktionsrate

Bis zum Erreichen des adulten Alters (ca. 200 Tage) haben täglich umgesetzte Weibchen im Mittel einen deutlich höheren Reproduktionserfolg als Kontrolltiere: Während Kontrollweibchen bis zu diesem Zeitpunkt nur ca. 5 Junge erfolgreich aufziehen, sind es bei den täglich umgesetzten Weibchen im Mittel fast zwei Jungtiere mehr (vgl. Abbildung 29).

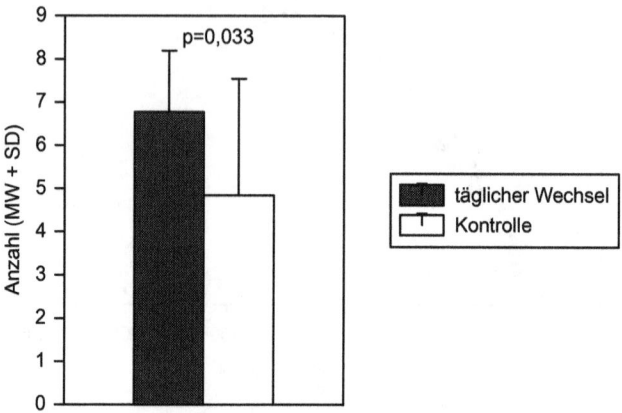

Abbildung 29: Reproduktionsrate der jungen Weibchen. Mittlere Anzahl pro Weibchen bis zum Alter von 220 Tagen abgesetzter (d.h. bis zum Alter von 200 Tagen geborener) Jungtiere. T-Test für unabhängige Stichproben, T = 2,270.

Umgekehrt setzen die adulten Kontrollweibchen bis zu ihrem Lebensende deutlich mehr Jungtiere ab als täglich wechselnde Weibchen (vgl. Abbildung 30).

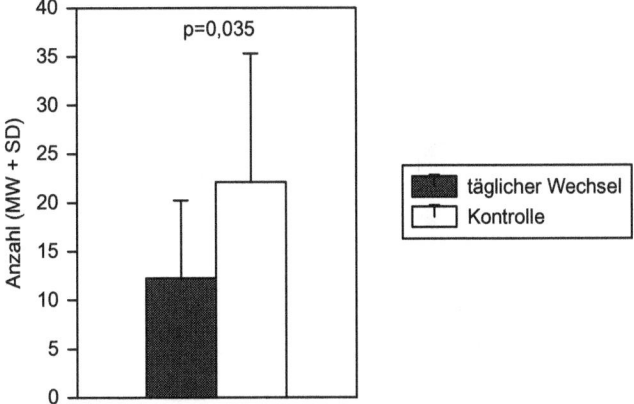

Abbildung 30: Reproduktionsrate der adulten Weibchen. Mittlere Anzahl von im Alter von 220 Tagen bis zum Lebensende abgesetzter Jungtiere aller adulten Weibchen, die sich auch nach 200 Tagen reproduziert haben. T-Test für unabhängige Stichproben, T = - 2,254. $N_{\text{täglicher Wechsel}}$ = 13, $N_{\text{Kontrolle}}$ = 11.

Ein weiterer möglicher Grund für den fehlenden Unterschied im Lebenszeit-Reproduktionserfolg der unterschiedlich lang lebenden Weibchen könnte eine unterschiedliche Fertilität sein. Als Maß dafür kann die Häufigkeit von Reproduktionsereignissen pro Zeit herangezogen werden. Weibchen, die täglich umgesetzt wurden, hatten während ihres gesamten Lebens deutlich mehr Würfe pro Jahr als Kontrolltiere (vgl. Abbildung 31).

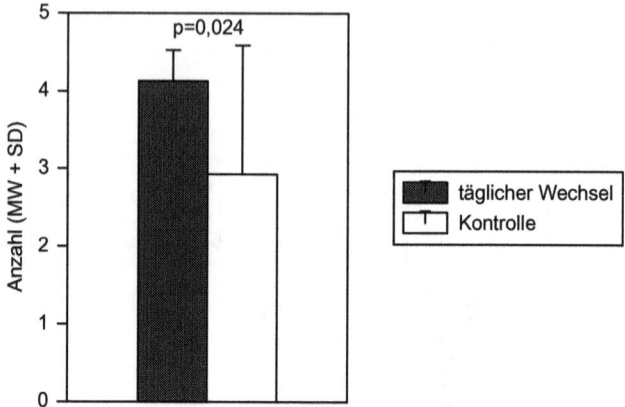

Abbildung 31: Mittlere Anzahl Würfe pro Lebensjahr jeden Weibchens. T-Test für unabhängige Stichproben, T = - 2,541.

Die Fertilität in Form von über das ganze Leben pro Lebensjahr von Weibchen beider Kategorien geborener Jungtiere unterschied sich jedoch nicht signifikant (T-Test für unabhängige Stichproben, ns).

III.5.4 Jungtierqualität

Im Folgenden wird untersucht, ob es nicht nur quantitative, sondern auch qualitative Unterschiede zwischen den Jungtieren der beiden untersuchten Weibchenkategorien gibt.

III.5.4.1 Geschlechterverhältnis

Zur Überprüfung eines abweichenden Geschlechterverhältnisses auf individueller Basis reichte die Größe der Stichproben bei weitem nicht aus (Moore and Gledhill 1988). Beispielsweise würde zum Nachweis eines signifikanten Unterschiedes zwischen einem Geschlechterverhältnis von 60 % Männchen bei behandelten Tieren und 50 % Männchen bei Kontrollen eine Stichprobengröße von je 442 benötigt. Trotzdem ist es bemerkenswert, daß die Geschlechterverhältnisse der kumulativen Anzahl abgesetzter Jungtiere in beiden Gruppen über lange Zeit genau umgekehrt waren: Von den täglich wechselnden Müttern wurden mehr Männchen als Weibchen abgesetzt; bei den Kontrolltieren war es genau umgekehrt (vgl. Abbildung 32).

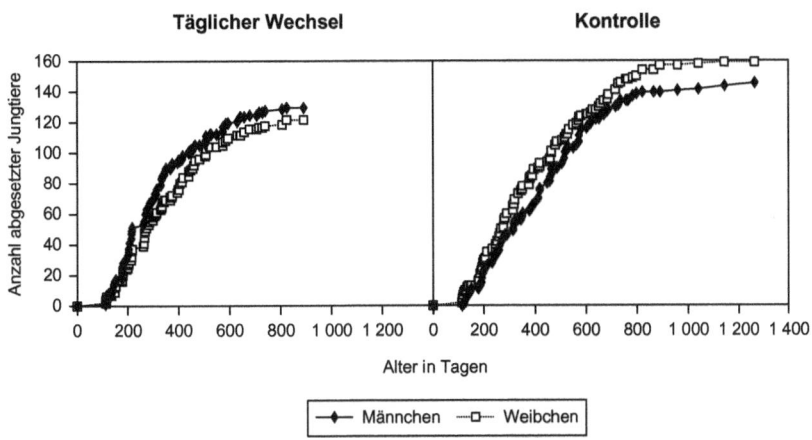

Abbildung 32: Kumulative Anzahl abgesetzter Männchen und Weibchen der beiden Weibchenkategorien.

Betrachtet man das Geschlechterverhältnis der kumulativen Anzahl von Jungtieren, die von jungen Müttern abgesetzt wurden, ergibt sich ein signifikanter Unterschied: Täglich umgesetzte junge Weibchen setzten einen größeren Anteil Männchen ab als Kontrollen (vgl. Tabelle 3).

Tabelle 3: Geschlechterverhältnis der kumulativen Anzahl abgesetzter Jungtiere (M = Männchen, W = Weibchen).

Zeitraum	täglicher Wechsel			Kontrolle			CHI²	p
	M	W	%M	M	W	%M		
bis 220 Tage	51	37	58	26	35	43	8,611	0,035
insgesamt	129	122	51	146	159	48	6,029	ns

III.5.4.2 Jungtiergewicht

Eine für die weitere Entwicklung wichtige und leicht zu messende Qualität von Jungtieren ist deren Geburtsgewicht. Hierfür wurden für jedes Weibchen die mittleren Einzeltier-Geburtsgewichte bestimmt.

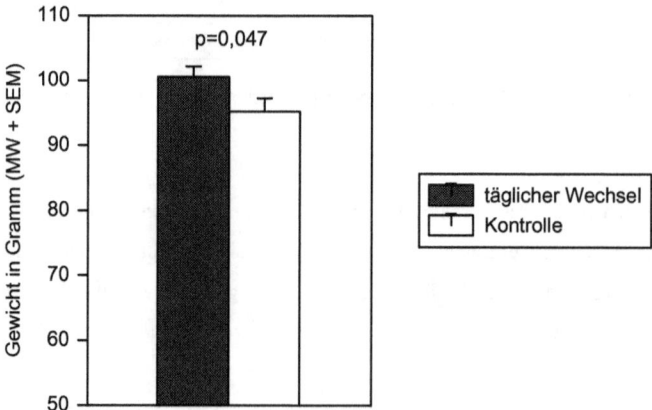

Abbildung 33: Die mittleren Geburtsgewichte pro Wurf von Jungtieren der beiden Weibchenkategorien. T-Test für unabhängige Stichproben, T = - 2,099.

Die Jungtiere von täglich umgesetzten Weibchen waren im Mittel bei ihrer Geburt signifikant schwerer als die von Kontrollweibchen (vgl. Abbildung 33).

Betrachtet man die Geburtsgewichte nach Geschlechtern getrennt, so läßt sich dieser Unterschied nur bei den Männchen (vgl. Abbildung 34), nicht aber bei den neugeborenen Weibchen statistisch nachweisen (T-Test für unabhängige Stichproben, ns).

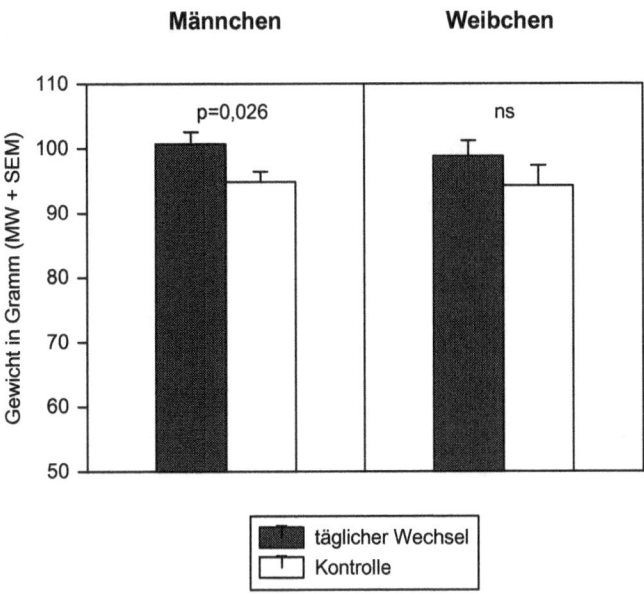

Abbildung 34: Die mittleren Geburtsgewichte pro Wurf von männlichen und weiblichen Jungtieren der beiden Weibchenkategorien. T-Tests für unabhängige Stichproben, Männchen: T = - 2,372.

III.5.4.3 Investition in Nachkommen-Biomasse

Ein grobes Maß für den energetischen Aufwand, den ein Weibchen über eine längere Zeit in seine Reproduktion investiert, ist die in Form von Jungtieren erzeugte Biomasse. Hierfür wurden für jedes Weibchen die Geburtsgewichte aller von ihm geborenen Jungtiere aufsummiert und auf je ein Lebensjahr bezogen.

66   Ergebnisse

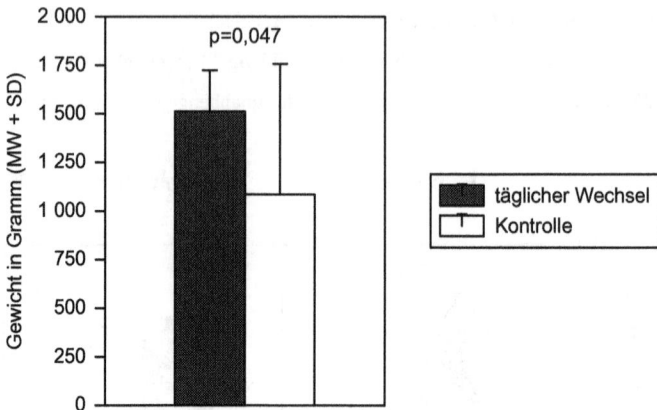

Abbildung 35: Die mittlere Summe der Geburtsgewichte aller pro Lebensjahr geborenen Jungtiere jeden Weibchens der beiden Kategorien. T-Test für unabhängige Stichproben, T = 2,175.

Weibchen, die täglich umgesetzt werden, investieren pro Jahr deutlich mehr in Nachkommenbiomasse als Kontrollweibchen. Pro Jahr erzeugt ein solches täglich umgesetztes Weibchen mit ca. 1,5 kg ungefähr das eineinhalbfache des eigenen Körpergewichtes in Form von Jungtieren. Kontrollweibchen investierten dagegen pro Lebensjahr ca. 426 g weniger in Jungtierbiomasse.

III.5.4.4 Jungtiermortalität

Die perinatale Mortalitätsrate der geborenen Jungtiere beider Kategorien unterschied sich nicht. (Täglicher Wechsel: 15,4 +/- 12,2 %; Kontrolle: 13,7 +/- 10,2 %; T-Test für unabhängige Stichproben, ns). Dagegen war die Sterberate von lebend geborenen Jungtieren täglich umgesetzter Weibchen nach der Geburt fast dreimal so hoch, wie die bei Jungtieren von Kontrollweibchen.

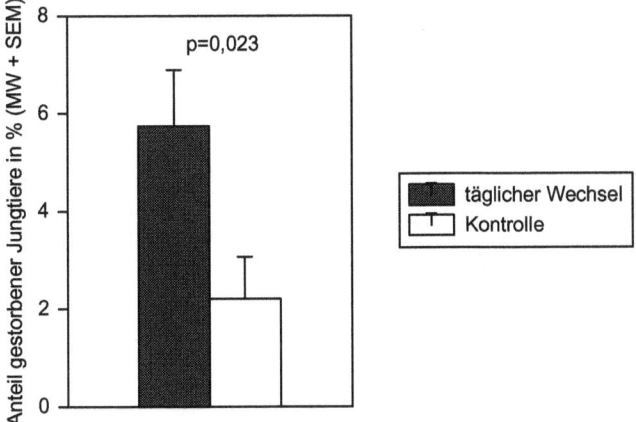

Abbildung 36: Die mittlere postnatale Mortalität pro Wurf lebend geborener Jungtiere der Weibchen beider Kategorien. T-Test für unabhängige Stichproben, T = 2,425.

III.5.5 Unregelmäßigkeiten im Verlauf der Trächtigkeit

Komplikationen während der Trächtigkeit wie Blutungen, Resorptionen und Frühgeburten bei Hausmeerschweinchen kündigen sich oft durch die Ruptur der Vaginalmembran an.

Das Einreißen der Vaginalmembran während der Trächtigkeit ist zwar im Mittel in einer von fünf Trächtigkeiten bei Kontrollweibchen nicht unüblich. Die Verdopplung der Rate bei täglich umgesetzten Weibchen ist jedoch ein Hinweis auf mögliche Unregelmäßigkeiten im Verlauf der Trächtigkeit (vgl. Abbildung 37).

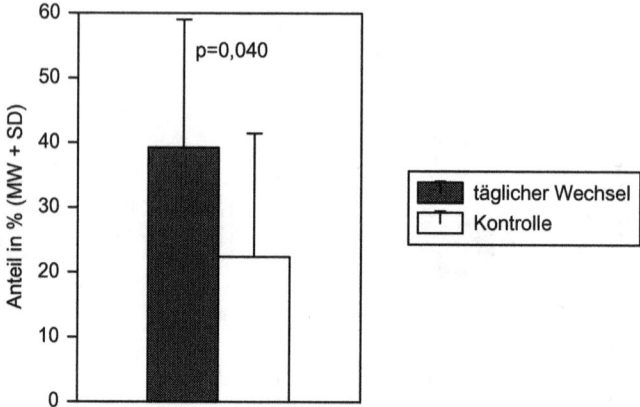

Abbildung 37: Die relative Häufigkeit von Trächtigkeiten pro Weibchen, während derer die Vaginalmembran aufreißt. T-Test für unabhängige Stichproben, T = 2,175.

Die reproduktiven Charakteristika der Weibchen beider Kategorien lassen sich folgendermaßen zusammenfassen:

- Weder im Zeitpunkt des Eintretens der Geschlechtsreife, noch in der Häufigkeit von Postpartumkonzeptionen unterschieden sich täglich wechselnde von Kontrollweibchen.
- Trotz unterschiedlicher Lebensdauer unterschieden sich auch die Reproduktionshäufigkeit und der Lebenszeitreproduktionerfolg der Weibchen beider Kategorien nicht.
- Der Verlauf der reproduktiven Life-History unterschied sich jedoch deutlich: Junge täglich umgesetzte Weibchen setzten wesentlich mehr Jungtiere ab als Kontrollen.
- Junge täglich umgesetzte Weibchen setzten relativ mehr männliche Jungtiere ab als Kontrollweibchen.
- Die Jungtiere täglich umgesetzter Weibchen waren deutlich schwerer als die Jungen von Kontrollweibchen.

- Während sich die perinatale Jungtiermortalität zwischen Weibchen der beiden Kategorien nicht unterschied, starben postnatal deutlich häufiger Junge täglich umgesetzter Weibchen.
- Die häufigere Ruptur der Vaginalmembran während der Trächtigkeit kündigt bei täglich umgesetzten Weibchen Unregelmäßigkeiten an.

III.6 Zusammenhang zwischen Reproduktion und Lebensdauer

Nach gängiger Theorie verursacht Reproduktion Kosten in Form von verminderter Überlebensrate und/oder verminderter zukünftiger Reproduktionschancen. Um dies zu untersuchen, wurden zeitliche Zusammenhänge zwischen Reproduktion und Todeszeitpunkt der Weibchen untersucht.

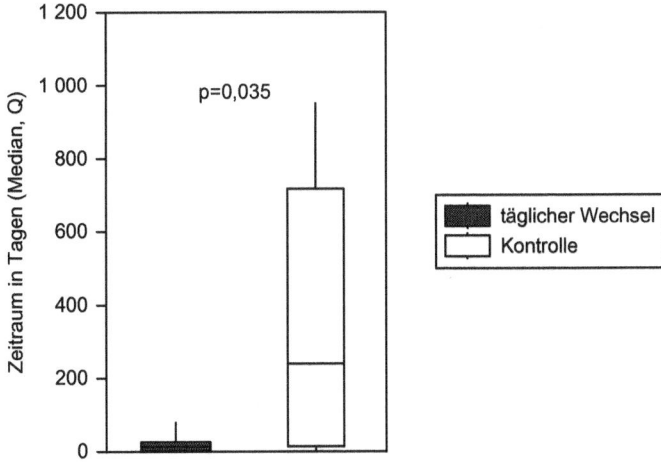

Abbildung 38: Mittlerer zeitlicher Abstand zwischen dem letzten Wurf und dem Tod jedes Weibchens der beiden Kategorien. Mann-Whitney-U-Test, U = 43,5.

Während bei Kontrollweibchen im Mittel kein zeitlicher Zusammenhang zwischen dem letzten Wurf und dem Tod festzustellen ist, sterben täglich umgesetzte Weibchen häufig kurze Zeit nach ihrem letzten Wurf (vgl. Abbildung 38).

III.7 Verhalten der Weibchen und ihrer Sozialpartner

Um den Einfluß täglich wechselnder sozialer Umwelten auf ethologische Variablen zu untersuchen, wurde eine detaillierte Analyse sowohl des Sozialverhaltens, als auch der örtlichen und zeitlichen Charakteristika des Verhaltens durchgeführt.

III.7.1 Sozialverhalten

III.7.1.1 Affiliatives Verhalten

III.7.1.1.1 Soziale Investigation, soziale Orientierung

Im Gegensatz zu Kontrolltieren wurden täglich umgesetzte Weibchen wesentlich häufiger von den ansässigen Tieren beschnuppert (vgl. Abbildung 39).

Ergebnisse 71

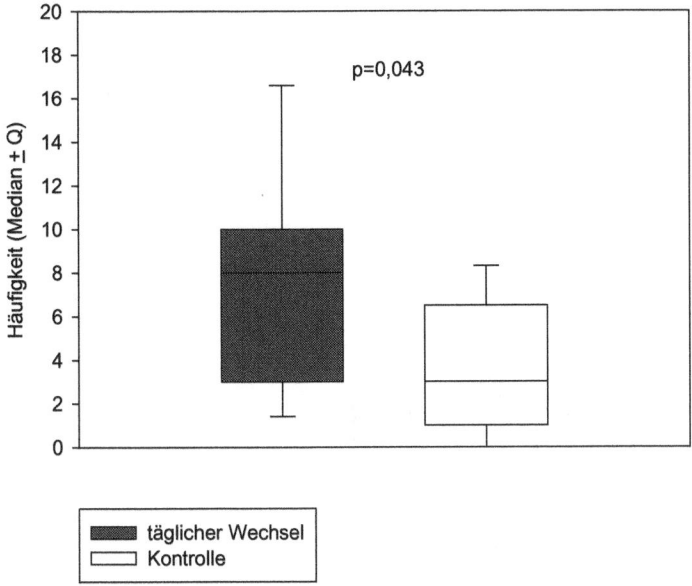

Abbildung 39: Häufigkeiten, mit denen die Fokusweibchen während 24 h von den residenten Tieren beschnuppert wurden. Mann-Whitney U-Test, U = 37[1].

Umgekehrt beschnupperten die täglich umgesetzten Weibchen die ansässigen Männchen und Weibchen tendentiell weniger oft. Signifikant werden diese Vergleiche, wenn das umgesetzte Weibchen Jungtiere führte (jeweils Mann-Whitney U-Tests: Fokusweibchen beschnuppert residentes Weibchen U=10; p=0,035[2]. Fokusweibchen beschnuppert residentes Männchen U=12; p=0,030[3]. Fokusweibchen beschnuppert residente Tiere U=10; p=0,035[4]).

---

[1] exact p=0,042

[2] exact p=0,055

[3] exact p=0,055

[4] exact p=0,055

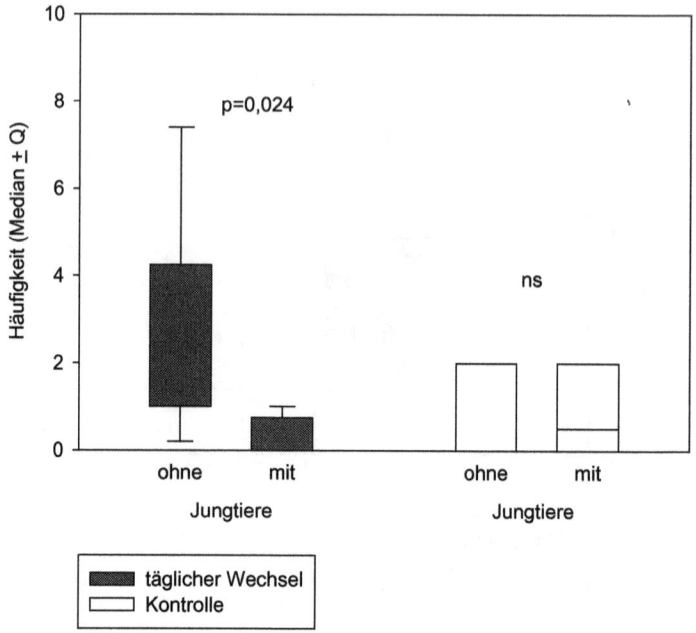

Abbildung 40: Häufigkeiten mit denen die Fokusweibchen einem residenten Tier folgten. Wilcoxon-Test für gepaarte Stichproben, Z = - 2,264[1]. $N_{\text{täglicher Wechsel}}$ = 7, $N_{\text{Kontrolle}}$ = 6.

Während Folgeverhalten bei Kontrolltieren sowohl mit, als auch ohne Jungtiere selten, aber regelmäßig auftrat, wurde dieses Verhalten bei den täglich umgesetzten Weibchen deutlich seltener, wenn sie Junge führten (vgl. Abbildung 40).

III.7.1.1.2 Intensive Kontaktaufnahme

In Gruppen lebende Hausmeerschweinchen nehmen auf verschiedenste Weise Kontakt zueinander auf. Die intensivste Form ist der Körperkontakt während des Liegens. Die seltenere Aufnahme von intensivem Körperkontakt zwischen den Fokustieren

---

[1] exact p=0,031

und den residenten Tieren war vor allem bei Anwesenheit von Jungtieren der täglich umgesetzten Weibchen deutlich: Fokusweibchen legt sich mit Körperkontakt zum Männchen. U=8; p=0,009[1].

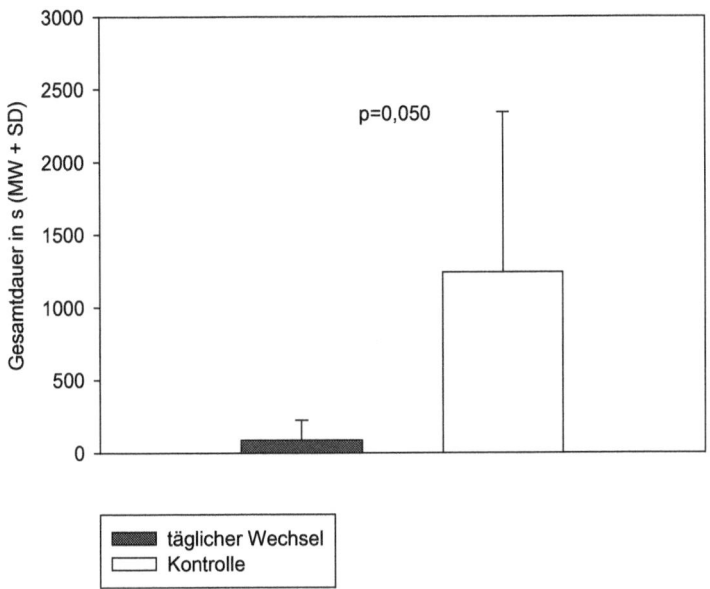

Abbildung 41: Gesamtdauer während 24 h mit der sich laktierende Fokusweibchen auf Körperkontakt zu residenten Tieren legten. T-Test für unabhängige Stichproben, T = -2,548. $N_{täglicher Wechsel}$ = 7, $N_{Kontrolle}$ = 6.

Auch die Gesamtdauer mit der das Fokus-Weibchen mit Jungtieren während des Ruhens Körperkontakt zu einem der residenten Tieren hat, unterscheidet sich deutlich: Es tritt fast ausschließlich in den Kontroll-Gruppen auf (vgl. Abbildung 41).

---

[1] exact p=0,015

III.7.1.2 Werbe- und Sexualverhalten

Die ansässigen Männchen zeigten mit etwa 70 Rumba-Episoden während 24 Stunden gegenüber täglich neu eingesetzten Weibchen etwa viermal häufiger Werbeverhalten als zu Kontrolltieren (vgl. Abbildung 42).

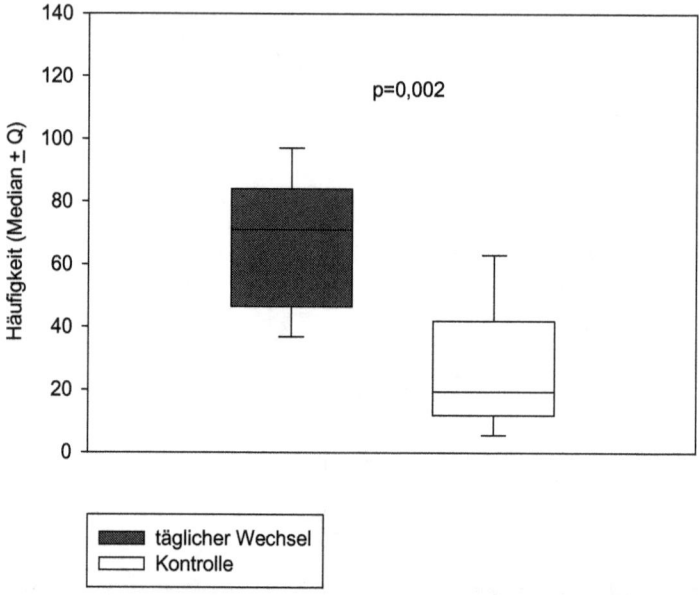

Abbildung 42: Häufigkeiten während 24 h, mit denen die Männchen das jeweilige Fokusweibchen mit der Verhaltensweise Rumba umworben haben. Mann-Whitney U-Test, U=19[1].

Die Häufigkeit des Umwerbens ist auch bei täglich umgesetzten Weibchen mit Jungen deutlich größer als bei Kontrollen (vgl. Abbildung 43).

---

[1] exact p=0,001

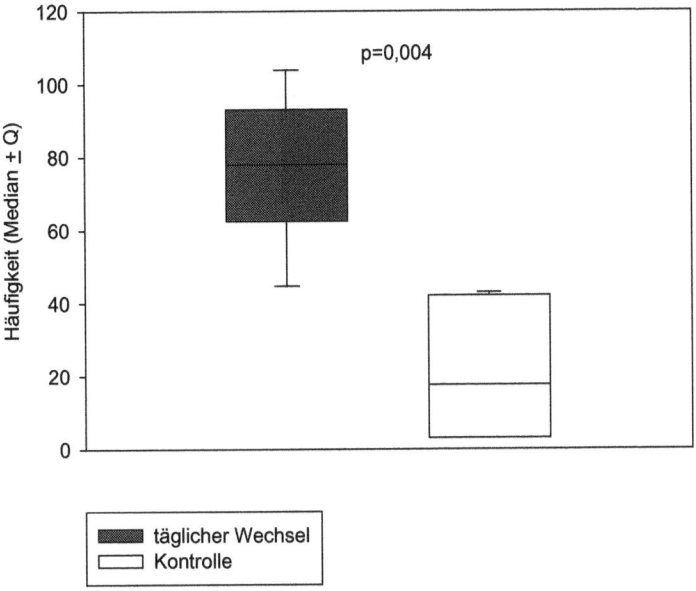

Abbildung 43: Häufigkeiten während 24 h, mit denen die Männchen das jeweilige Fokusweibchen mit Jungen umworben haben. Mann-Whitney U-Test, U = 2^1. $N_{täglicher\ Wechsel}$ = 7, $N_{Kontrolle}$ = 6.

III.7.1.3 Dominanzanzeigendes Verhalten

Dominanzanzeigende Verhaltensweisen waren zwischen Männchen und Weibchen nur äußerst selten zu beobachten. Zwischen den Weibchen war jedoch immer wieder agonistisches Verhalten zu sehen. Häufig bedrohten sich die Weibchen indem sie sich gegenüber aufstellten und einander „fixierten". Beendet wurde eine solche Interaktion häufig indem eines der beiden Weibchen vor dem anderen auswich.

---

[1] exact p=0,003

76　Ergebnisse

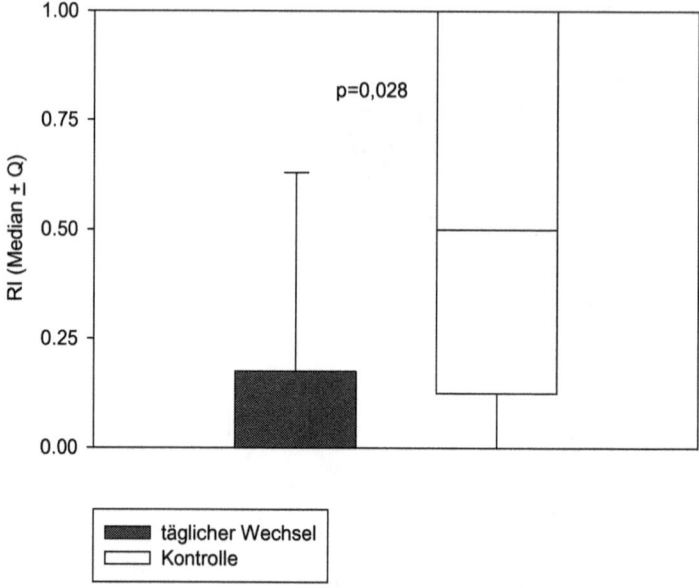

Abbildung 44: Der Rangindex von Weibchen der beiden Kategorien. Mann-Whitney U-Test, U = 35,5.

Der Rangindex RI der täglich umgesetzten Weibchen war im Mittel deutlich niedriger als der von Kontroll-Weibchen (vgl. Abbildung 44). Während ein Viertel der Kontrollweibchen den jeweils ansässigen Tieren zu 100 Prozent überlegen waren (3. Quartil RI=1,00), war dies bei keinem einzigen täglich umgesetzten Weibchen der Fall (RI_{MAX}=0,65).

Auch wenn die Fokusweibchen Junge hatten, wichen die täglich umgesetzten Weibchen deutlich häufiger vor den residenten Weibchen aus. Dieses Verhalten trat in Kontrollgruppen praktisch nicht auf (vgl. Abbildung 45).

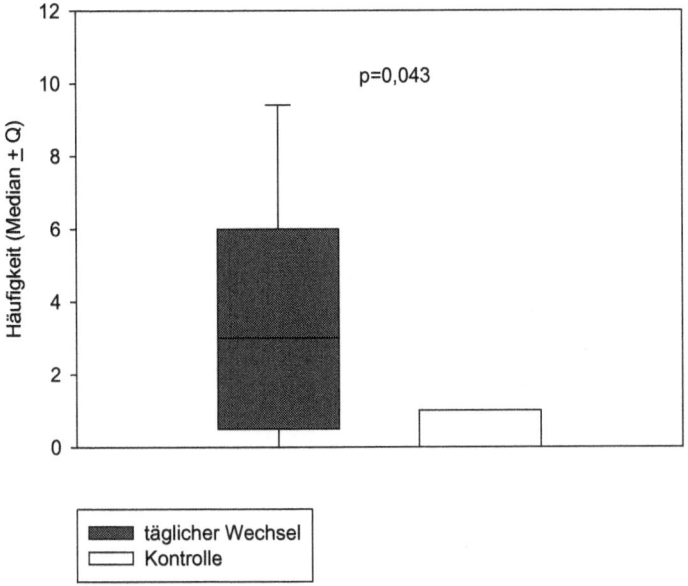

Abbildung 45: Häufigkeiten, mit denen laktierende Fokusweibchen vor den ansässigen Weibchen während 24 h auswichen. Mann-Whitney U-test, U = 9^1. $N_{täglicher\ Wechsel}$ = 7, $N_{Kontrolle}$ = 6.

III.7.2 Räumliches Verhalten

III.7.2.1 Interindividuelle Distanzen

Soziale Beziehungen lassen sich auch durch das räumliche Verhalten der Tiere zueinander beschreiben. Der Abstand, den Tiere zueinander einnehmen, ist zur Kennzeichnung sozialer Beziehungen hilfreich.

---

[1] exact p=0,055

78   Ergebnisse

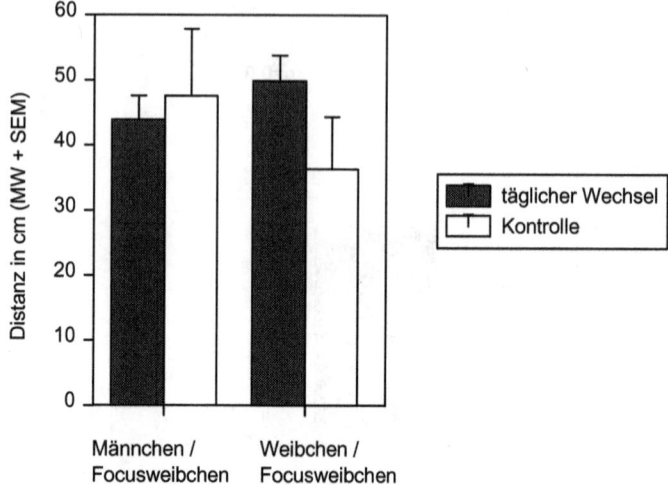

Abbildung 46: Mittlere Abstände der Fokusweibchen von den residenten Tieren, während der ersten Lichtphase (vom Umsetzten um ca. 13:00 Uhr bis zum Lichtwechsel um ca. 19:00Uhr).

Die Abstandsmessungen zwischen den Tieren an den beiden aufeinander folgenden Lichtphasen[1] (Tag 1, Tag 2) zeigten zwar die gleichen Tendenzen, die Messungen im Dunklen gaben dies jedoch nicht wieder. Die in den Lichtphasen feststellbaren Tendenzen waren: Täglich umgesetzte Weibchen und residente Männchen halten geringere Abstände voneinander als Kontrollen; täglich umgesetzte Weibchen und residente Weibchen halten dagegen größere Abstände ein (vgl. Abbildung 46).

---

[1] Anm.: Der Aktivitätsrhythmus von Hausmeerschweinchen ist ultradian. Ich konnte beobachten, daß sich viele kurz dauernde Aktivitäts- und Ruhephasen sowohl in der Licht-, als auch in der Dunkelphase abwechselten (vgl. auch Büttner and Wollnik 1982).

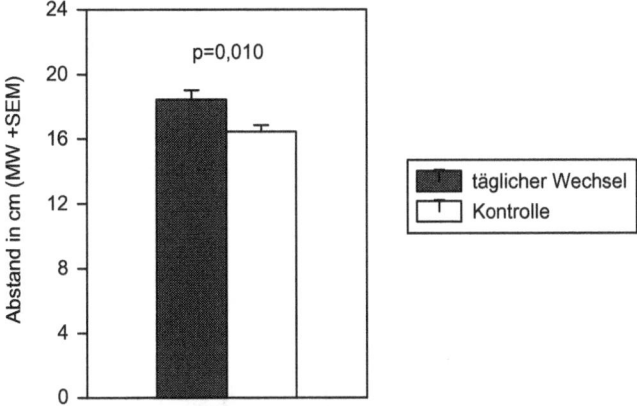

Abbildung 47: Mittlerer Abstand zwischen Fokusweibchen und residenten Tieren, wenn sie auf Körperkontakt lagen. T-Test für unabhängige Stichproben, T = 2,839.

Besonders subtil ist der Unterschied bei dem Abstand zwischen auf Körperkontakt liegenden Tieren. Die Körpermittelpunkte von täglich umgesetzten Weibchen und anderen Tieren sind weiter voneinander entfernt als bei Kontrollen, weil sie sich häufiger nur an den Körperenden berühren (vgl. Abbildung 48 rechts), und nicht mit den Körperseiten (vgl. Abbildung 48 links).

Abbildung 48: Die beiden unterschiedlichen Arten des Liegens mit Körperkontakt: links Seite an Seite, rechts hintereinander.

Deutlicher werden die Unterschiede zwischen bei Licht und bei Dunkelheit gemessenen interindividuellen Distanzen, wenn man das Ruheverhalten der Fokusweibchen berücksichtigt.

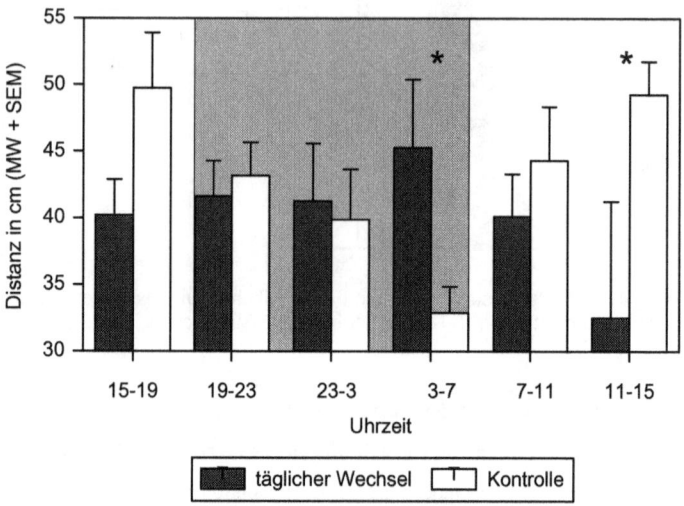

Abbildung 49: Abstände zwischen den liegenden Fokus-Weibchen und den Männchen während verschiedener Phasen des Tages. Jeweils T-Test für unabhängige Stichproben, * 3-7: p = 0,041; * 11-15: p = 0,043.

Der Abstand zwischen den Männchen und den liegenden Fokusweibchen folgte bei den Kontrollen einem deutlichen Tagesgang mit einem Minimum in der Phase von 3-7 Uhr und einem Maximum in den Phasen von 11-19 Uhr. Bei den täglich umgesetzten Weibchen war kein solcher Tagesverlauf zu beobachten (vgl. Abbildung 49).

III.7.2.2 Distanzregulation

Soziale Beziehungen zwischen Tieren lassen sich durch die Häufigkeiten mit denen sie sich einander annähern bzw. von einander entfernen, charakterisieren. Als ein Maß dafür können die mithilfe der erfaßten Ortskoordinaten berechneten Distanzvergrößerungen und Distanzverringerungen in aufeinander folgenden Intervallen gelten. Männchen näherten sich den täglich umgesetzten Weibchen signifikant häufiger an, als dies Männchen in Kontrollgruppen taten (vgl. Tabelle 4).

Tabelle 4: Annähern und Entfernen der Tiere zu- und voneinander. Mittlere Häufigkeiten je 24 h. Jeweils T-Test für unabhängige Stichproben (M = Männchen, W = Weibchen, FW = Fokusweibchen).

Distanzverringerung:

Richtung	täglicher Wechsel		Kontrolle		T	p
	MW	SD	MW	SD		
M → W	215,8	23,9	202,9	30,4	1,158	ns
W → M	204,1	51,1	196,7	35,0	0,415	ns
M → FW	220,3	42,5	190,8	24,2	2,085	0,049
FW → M	201,4	30,6	226,8	34,1	-1,921	ns
W → FW	208,0	60,9	186,3	23,4	1,154	ns
FW → W	209,0	25,8	222,6	31,0	-1,087	ns

Distanzvergrößerung:

Richtung	täglicher Wechsel		Kontrolle		T	p
	MW	SD	MW	SD		
M → W	208,9	19,8	187,8	32,6	1,914	ns
W → M	194,0	49,9	197,1	40,3	-0,167	ns
M → FW	199,2	36,0	179,8	34,4	1,345	ns
FW → M	207,7	29,3	210,8	37,1	-0,226	ns
W → FW	189,0	55,2	181,9	23,0	0,410	ns
FW → W	203,6	26,8	209,8	24,1	-0,602	ns

82 Ergebnisse

Neben den Häufigkeiten des Annäherns und Separierens sind auch die Abstände zwischen Tieren gute Hinweise auf die interindividuellen affiliativen oder aversiven Beziehungen. Mindestens genauso wichtig ist die Information darüber, welches Tier einer Dyade denn für die Einhaltung dieser Distanz verantwortlich ist, indem es sich annähert oder flieht. Um eine solche Information aus den Ortsbewegungen zweier Tiere zu erhalten, müssen die jeweiligen individuellen Aktivitäten berücksichtigt werden. Ein aktiveres Tier nähert sich in einem Gehege einem weniger aktiven zwangsläufig häufiger an als umgekehrt. Daher wurde ein sogenannter „Affiliationskoeffizient" berechnet, der bei der Charakterisierung von sozialen Beziehungen die individuellen Aktivitäten berücksichtigt (vgl Abbildung 50).

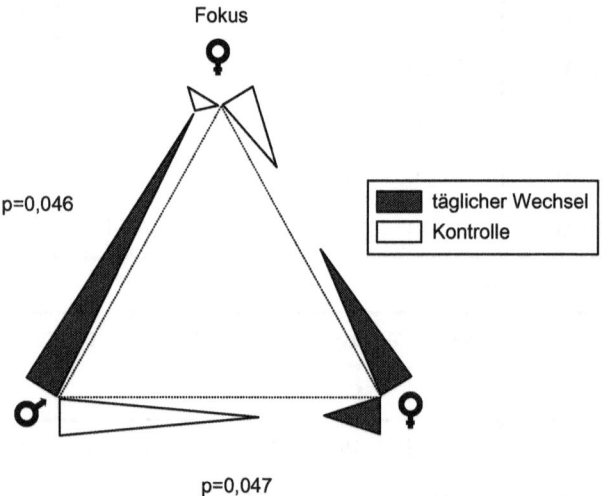

Abbildung 50: Mittlere Affiliationskoeffizienten für die jeweils drei Tiere jeder Gruppe in den beiden Kategorien. Die Pfeillänge entspricht der Größe des AI, die Richtung entspricht dem Vorzeichen. Beispiel: Bei täglich umgesetzten Tieren bestand die am stärksten affiliative Beziehung vom Männchen zum Fokusweibchen. In den Kontrollgruppen war die Beziehung vom Männchen zum residenten Weibchen stärker affiliativ. Statistische Unterschiede zwischen den beiden Gruppen: T-Tests für unabhängige Stichproben.

In den Kontrollgruppen sorgt das Männchen für die Einhaltung des Abstandes zwischen sich und dem residenten Weibchen. Ein signifikanter Unterschied dazu ist bei den Experimentalgruppen festzustellen. Hier sind es eher die residenten Weibchen, die ihren Abstand zum Männchen einhalten. Auch beim Abstand zwischen Männchen und Fokusweibchen ist ein deutlicher Unterschied zu verzeichnen: Während die Fokusweibchen der Kontrollgruppen diejenigen sind, die ihren Abstand zum Männchen regulieren, sind die täglich umgesetzten Weibchen weitaus passiver bei der Distanzregulation als die Männchen.

III.7.2.3 Lokomotorische Aktivität

Da eine erhöhte lokomotorische Aktivität während sozialer Interaktionen an sich schon eine Ursache für Stressreaktionen sein könnte, ist dies eine wichtige ethologische Kontrollvariable.

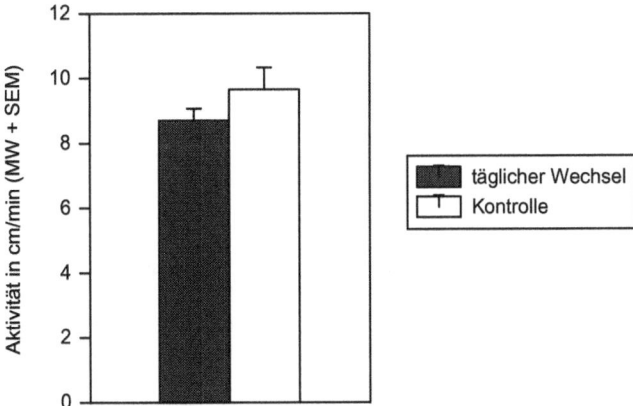

Abbildung 51: Mittlere lokomotorische Aktivitäten von Weibchen beider Kategorien. T-Test für unabhängige Stichproben, ns.

Die lokomotorische Aktivität von täglich umgesetzten Weibchen ist nicht erhöht, es ist sogar eine gegensätzliche Tendenz festzustellen (vgl. Abbildung 51).

III.7.2.4 Räumliche Präferenzen

Auffälligerweise bevorzugten alle Weibchen zum Liegen die „hintere" (an der Wand gelegene) Gehegehälfte. Während die Kontrollweibchen in der hinteren Gehegehälfte um ca. 25% häufiger lagen als in der vorderen, war diese Differenz bei den täglich umgesetzten Weibchen mit ca. 50% doppelt so hoch (vgl. Abbildung 52).

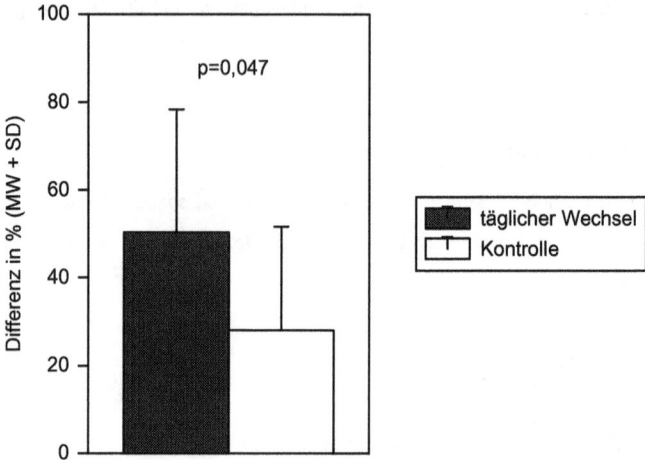

Abbildung 52: Relative Größe der Bevorzugung der hinteren Gehegehälfte während des Liegens. T-Test für unabhängige Stichproben, T = 2,106.

Der Orientierung folgender Auswertungen dient eine schematische Darstellung des Geheges in Abbildung 53.

Ergebnisse 85

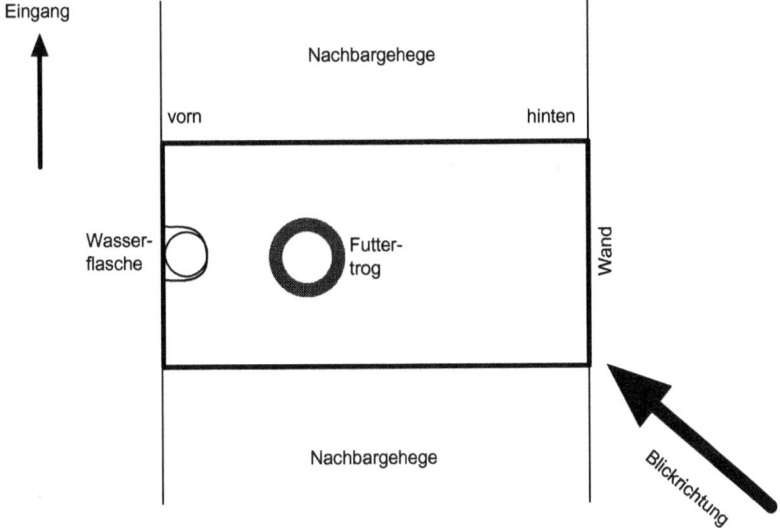

Abbildung 53: Orientierungsskizze für Abbildung 54 f. Aufsicht auf ein Gehege.

Alle beobachteten Weibchen bevorzugten die Gehegeecken als Liegeplätze. Die täglich umgesetzten Weibchen mußten aber auch mit „weniger guten" Stellen wie z.B. der Gehegemitte vorlieb nehmen (vgl. Abbildung 54).

Während der aktiven Zeit wurden im Gegensatz zu den Ruhezeiten eher die vorderen Gehegeteile von den Weibchen aufgesucht. Die Gehegemitte wurde häufiger von den täglich umgesetzten Weibchen benutzt (vgl. Abbildung 55).

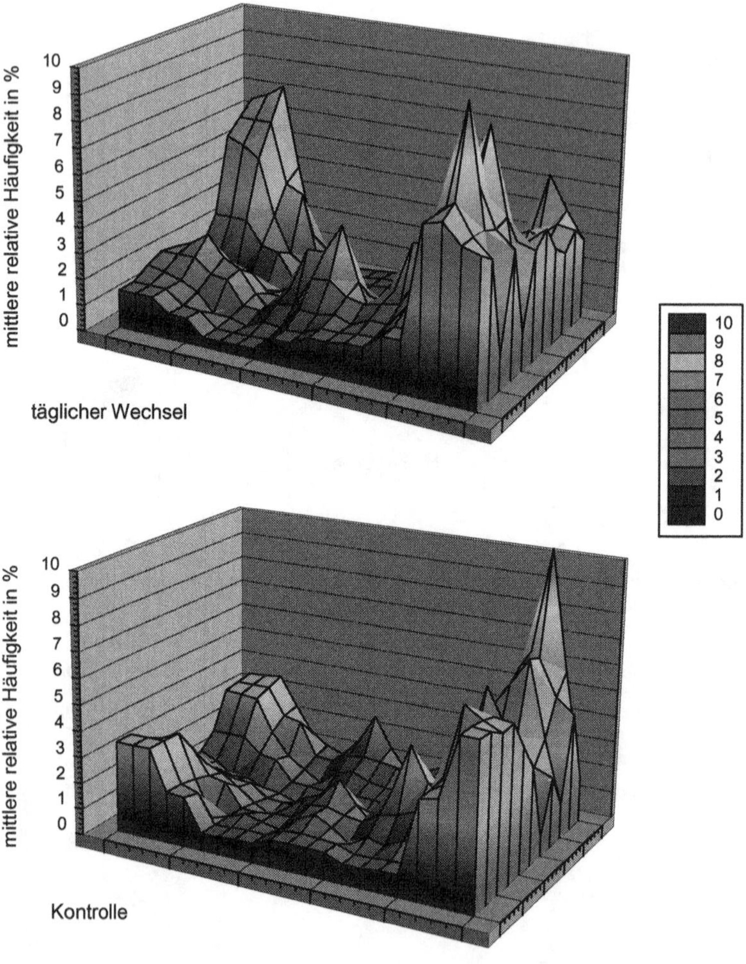

86 Ergebnisse

Abbildung 54: Die mittlere relative Häufigkeit mit der Weibchen der beiden Kategorien an bestimmten Plätzen lagen. Zur Orientierung vgl. Abbildung 53.

Ergebnisse 87

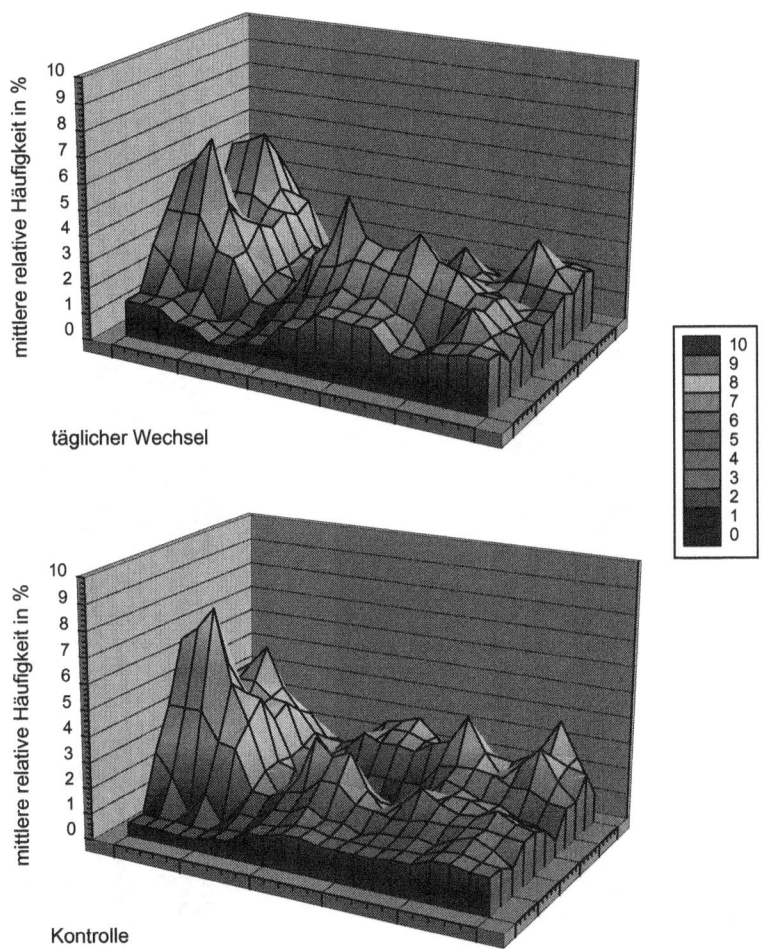

Abbildung 55: Die mittlere relative Häufigkeit mit der sich Weibchen der beiden Kategorien an bestimmten Plätzen aufhielten, wenn sie aktiv waren. Zur Orientierung vgl. Abbildung 53.

III.7.3 Time-budgets

Belastungen können einen starken Einfluß auf das Time-budget des Verhaltens von Tieren haben. Um zu untersuchen welche temporären Charakteristika das Verhalten der beiden untersuchten Tierkategorien besitzt, wurden für alle wichtigen Verhaltenskategorien, die eine meßbare Dauer hatten, Time-budgets aufgestellt.

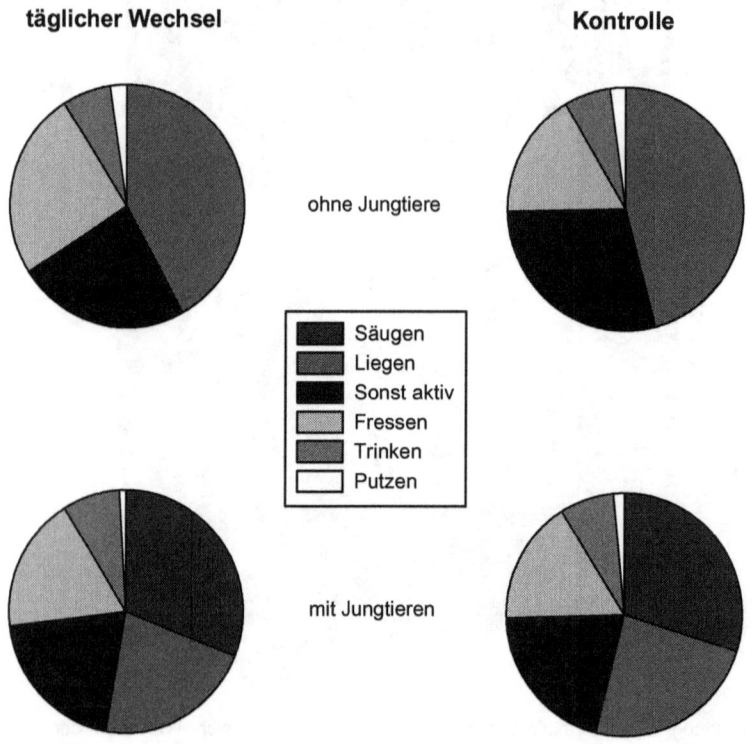

Abbildung 56: Übersicht über die Time-budgets von täglich umgesetzten Weibchen und Kontrollen bei Beobachtungen über je 24 h, jeweils mit und ohne Jungtiere. Für die Erstellung der Diagramme wurden die jeweiligen Mittelwerte der Verhaltensweisen aufsummiert, diese Summe gleich 100 Prozent gesetzt und daraus die dargestellten Anteile errechnet.

Zur Orientierung wird zuerst jeweils ein Gesamt-Time-budget nach Verhaltenskategorien für täglich umgesetzte und Kontrollweibchen jeweils mit und ohne Jungtiere aufgestellt (vgl. Abbildung 56).

Die Charakteristika des Time-budgets von Kontrollweibchen ohne Jungtiere waren folgende:

- Fast die Hälfte der Beobachtungszeit verbringen die Fokusweibchen liegend.
- Etwa ein Viertel wird mit „sonstigen Aktivitäten" verbracht.
- Fressen, Trinken und Putzen werden während des restlichen Viertels der Beobachtungszeit ausgeführt.

Inwiefern sich die täglich umgesetzten Weibchen davon unterschieden und welchen Einfluß die Anwesenheit der Jungtiere hatte, wird im Folgenden dargestellt.

III.7.3.1 Time-budgets ohne Jungtiere

Die Time-budgets der beiden Weibchenkategorien differierten am auffälligsten im alimentären Verhalten: Tiere die täglich in eine neue Gruppe gesetzt wurden, fraßen deutlich länger als Kontrolltiere. Etwa ein Viertel der Beobachtungszeit zeigten sie das Verhalten Fressen. Dagegen war dies bei Kontroll-Tieren nur in etwa einem Fünftel der Beobachtungszeit der Fall (vgl. Abbildung 57).

90 Ergebnisse

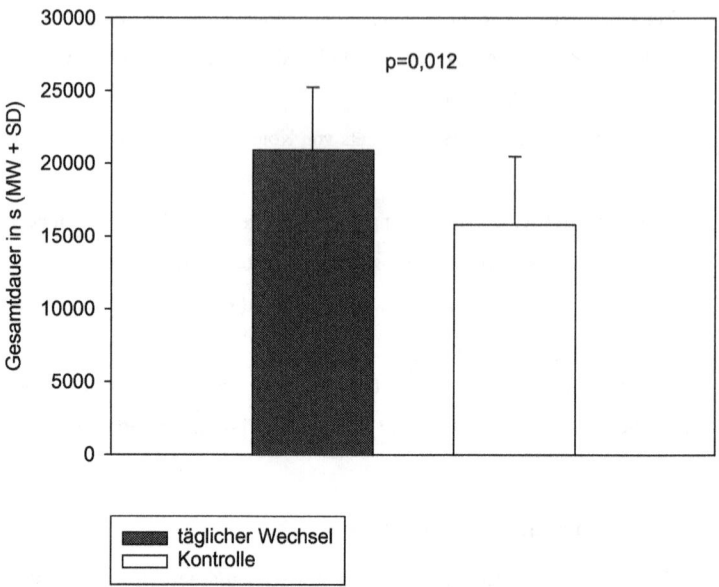

Abbildung 57: Die Gesamtdauer, mit der die Weibchen beider Kategorien während 24 h Nahrung aufnahmen. T-Test für unabhängige Stichproben, T = 2,755.

Dieser Unterschied ist sowohl beim ortsabhängigen Fressen am Trog (T-Test für unabhängige Stichproben, T=2,570; p=0,017), als auch beim Fressen vom Boden (T-Test für unabhängige Stichproben, T=2,297; p=0,032) zu beobachten. Fressen am Trog bestand hauptsächlich in der Aufnahme von Futter-Pellets und machte den größten Anteil der Freßzeit aus; das viel seltenere Fressen vom Boden diente hauptsächlich der Aufnahme von Heu.

Bei den restlichen Verhaltensweisen waren keine signifikanten Unterschiede zwischen den beiden Gruppen von Weibchen zu verzeichnen (vgl. Tabelle 5).

Tabelle 5: Gesamtdauer in s der Verhaltensweisen beider Weibchenkategorien. Jeweils T-Test für unabhängige Stichproben.

Verhaltensweise	täglicher Wechsel		Kontrolle		T	p
	Mw	SD	Mw	SD		
Liegen	36239,6	6064,6	36530,6	6530,4	-0,113	ns
Sonst aktiv	21739,1	7479,2	26191,8	4431,0	-1,774	ns
Trinken	5385,9	1985,3	5923,8	2035,8	-0,655	ns
Putzen	2121,0	995,4	1952,9	941,0	0,425	ns

III.7.3.2 Veränderungen der Time-budgets während der Laktation

Die Säugezeit bei Weibchen beider Kategorien ging vor allem auf Kosten der Liegezeit (vgl. Abbildung 56) (jeweils T-Tests für gepaarte Stichproben, täglicher Wechsel: T=5,363, p=0,002, Kontrolle: T=3,933, p=0,011) und nur tendentiell auch zu Lasten der sonstigen Aktivitäten (jeweils T-Tests für gepaarte Stichproben, ns). Hierbei ist anzumerken, daß die Weibchen während des Säugens auch liegen konnten.

Einen unterschiedlichen Einfluß hatte die Anwesenheit eigener Jungtiere auf das alimentäre und das Komfortverhalten der Weibchen.

92 Ergebnisse

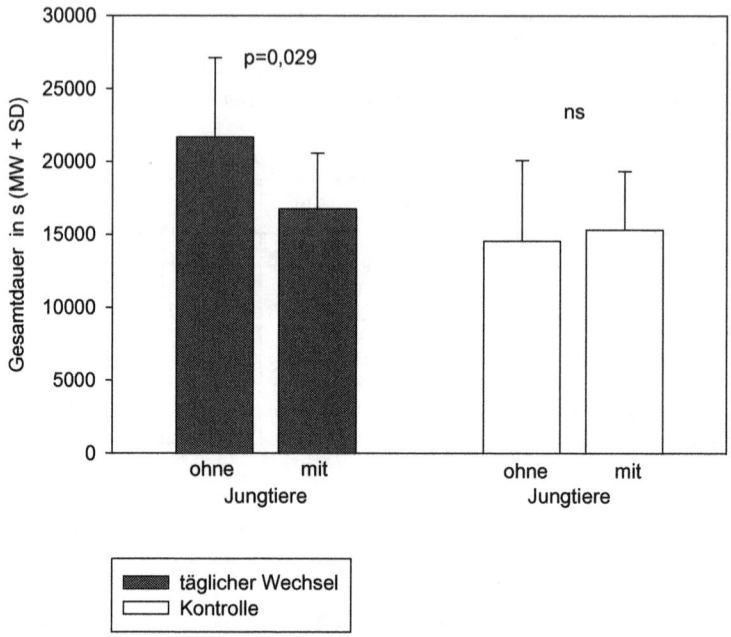

Abbildung 58: Die Gesamtdauer, mit der die Weibchen beider Kategorien mit und ohne Jungtiere während 24 h Nahrung aufnahmen. Jeweils T-Tests für gepaarte Stichproben, T = 2,848. $N_{täglicher\ Wechsel}$ = 7, $N_{Kontrolle}$ = 6.

Während Kontrollweibchen, mit und ohne Jungtiere etwa gleichlang fraßen, kam es bei täglich umgesetzten Weibchen zu einer signifikanten Reduktion der Gesamtfreßzeit, wenn sie Junge hatten (vgl. Abbildung 58).

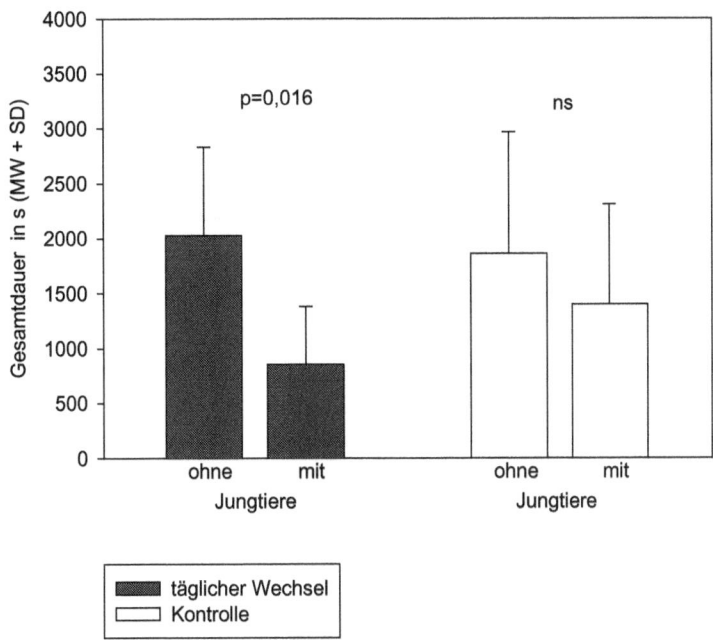

Abbildung 59: Die Gesamtdauer, mit der sich Weibchen der beiden Kategorien im Mittel putzten. Jeweils T-Tests für gepaarte Stichproben, T = 3,326. $N_{täglicher Wechsel}$ = 7, $N_{Kontrolle}$ = 6.

Mit Jungtieren putzten sich Kontrollweibchen nur tendentiell weniger als ohne. Bei den täglich umgesetzten Weibchen war dagegen ein deutlicher Rückgang der Putzaktivitäten bei Anwesenheit der Jungtiere zu verzeichnen (vgl. Abbildung 59).

III.7.4 Zeitliche Organisation des Verhaltens

Die Veränderung der zeitlichen Abfolge verschiedener Verhaltensweisen ist ein empfindlicher Indikator für eine Belastung von Tieren. Verhaltenssequenzen, die besonders häufig sind, können als gute Indikatoren für die serielle Integrität des Verhaltens gelten.

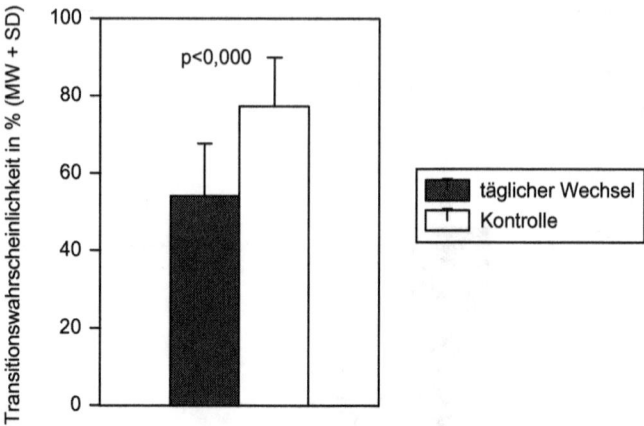

Abbildung 60: Transitionswahrscheinlichkeiten für den Übergang von „Fressen" nach „sonst aktiv" für Weibchen beider Kategorien. T-Test für unabhängige Stichproben, T = - 4,343.

Die Verhaltenssequenz mit der höchsten Transitionsfrequenz aller Übergänge zwischen zwei Verhaltensweisen mit meßbarer Dauer ist die von „Fressen am Trog" nach „sonst aktiv". Es handelt sich dabei um einen Übergang von dem alimentären zu einem anderen Funktionskreis, der unter Anderem fast alle Sozialverhaltensweisen beinhaltet. Beim Vergleich der beiden Gruppen zeigt sich eine Verschiebung von der fast deterministischen (77%) bei den Kontrollweibchen zu einer eher probabilistischen (54%) Sequenz bei den täglich umgesetzten Weibchen (vgl. Abbildung 60).

Als ein Maß für den individuellen Grad an Belastung kann die intraindividuelle Variabilität der Verhaltensdauer herangezogen werden. Die Gleichförmigkeit mit der eine Verhaltensweise immer wieder ausgeführt wird, deutet darauf hin, daß Verhaltensweisen nicht aufgrund z.B. äußerer Einflüsse abgebrochen und später z.B. um so länger „nachgeholt" werden müssen.

Ergebnisse 95

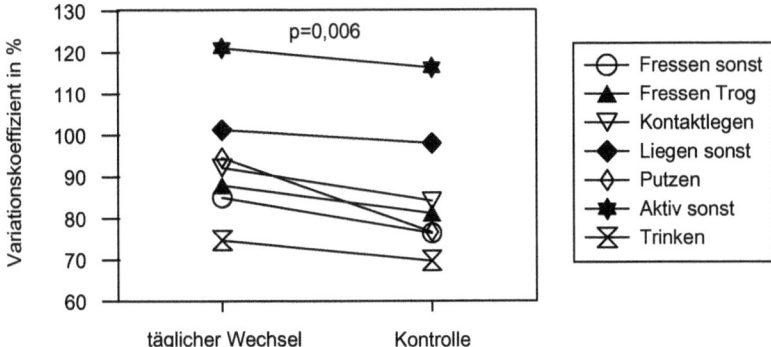

Abbildung 61: Die mittleren intraindividuellen Variationskoeffizienten für verschiedene Verhaltensweisen. T-Test für gepaarte Stichproben. T = 4,210.

Alle Verhaltensweisen, deren Dauer gemessen wurden, sind von den täglich umgesetzten Tieren mit größerer Variabilität ausgeführt worden, als von den Kontrolltieren (Mittelwerte: täglicher Wechsel: 93,7 Kontrolle: 86,0). Die größte Variabilitätssteigerung ist bei der kurz-dauernden Verhaltensweise Putzen festzustellen (vgl. Abbildung 61).

Die ethologischen Charakteristika der Weibchen beider Kategorien lassen sich folgendermaßen zusammenfassen:

- Die intensive soziale Orientierung der ansässigen Tiere zu den täglich umgesetzten Weibchen ist wesentlich deutlicher als gegenüber Kontrollweibchen: Kontaktaufnahme und intensives Beschnuppern finden viel häufiger statt.
- Von den Männchen werden die täglich umgesetzten Weibchen wesentlich häufiger umworben.
- Die soziale Position der täglich umgesetzten Weibchen ist deutlich niedriger als die von Kontrollweibchen.

- Täglich umgesetzte Weibchen befinden sich tendentiell in geringerem Abstand zum Männchen und in größerem Abstand zum residenten Weibchen, als Kontrollweibchen.
- Täglich umgesetzte Weibchen bevorzugen zum Liegen die vom Eingang entferntere Gehegehälfte deutlich mehr, als Kontrollen. Weiterhin liegen sie häufiger statt in den Ecken an „weniger geeigneten" Stellen liegen.
- Weibchen, die einem täglichen Wechsel ihrer sozialen Umwelt unterliegen, fressen wesentlich länger als Kontrollweibchen.
- Während der Anwesenheit von eigenen Jungtieren fressen und putzen sich täglich umgesetzte Weibchen deutlich weniger als ohne Jungtiere. Bei den Kontrollen gibt es keinen solchen Einfluß durch eigene Jungtiere.
- Die bei Kontrollweibchen häufigste Sequenz zweier Verhaltensweisen ist bei täglich umgesetzten Weibchen deutlich seltener zu beobachten.
- Die Variabilität der Verhaltensdauer ist bei täglich umgesetzten Weibchen deutlich höher als bei Kontrollen.

IV Diskussion

Zu Beginn der Diskussion seien noch einmal die wichtigsten Ergebnisse dieser Studie in Erinnerung gerufen:

Weibchen, deren soziale Umwelt täglich wechselt, leben wesentlich kürzer als Kontrolltiere. Sie haben chronisch höhere Cortisolkonzentrationen im Blut und höhere Herzschlagfrequenzen während einer Standardsituation. Die täglich umgesetzten Weibchen nehmen gegenüber den jeweils ansässigen Tieren im Mittel eine unterlegene soziale Position ein. Die Dauer von Verhaltensweisen variiert bei ihnen deutlich mehr als bei Kontrollweibchen. Täglich umgesetzte Weibchen fressen wesentlich länger und werden deutlich schwerer als Kontrollen. Obwohl sie früher sterben, erreichen täglich umgesetzte Weibchen den gleichen Lebenszeit-Reproduktionserfolg wie Kontrollen, indem sie bis zum Erreichen des adulten Alters deutlich mehr Junge absetzten als Kontrollweibchen. Auch qualitative Unterschiede zwischen den Jungtieren beider Weibchenkategorien wie höheres Geburtsgewicht und zeitweise zu Männchen hin verschobenes Geschlechterverhältnis der Jungtiere täglich umgesetzter Mütter sind festzustellen.

Im Folgenden werde ich zuerst auf einige wichtige methodische Fragen eingehen (Kapitel IV.1), danach folgende drei Thesen aufstellen (Kapitel IV.2 bis IV.4):
1. Soziale Instabilität erzeugt chronischen sozialen Stress.
2. Soziale Instabilität verursacht keine Reduktion des Lebenszeit-Reproduktionserfolges.
3. Soziale Instabilität bewirkt eine Anpassung der Life-History-Strategie zur Optimierung des Lebenszeit-Reproduktionserfolges.

Anschließend werde ich in den Schlußfolgerungen (Kapitel IV.5) auf konzeptionelle und praktische Implikationen dieser Erkenntnisse eingehen.

98 Diskussion

Da ich in der Einleitung bei einigen Punkten bereits detailliert auf den aktuellen Stand der Forschung eingegangen bin, werde ich dies in der Diskussion nicht bei allen Punkten noch einmal tun.

IV.1 Zur Methodik

Die Relevanz der vorliegenden Ergebnisse und ihrer Interpretation hängt von einer geeigneten Methodik ab. Daher werde ich hier auf einige wichtige Punkte zur Eignung von Versuchstier und experimentellem Design eingehen.

IV.1.1 Eignung des Hausmeerschweinchens

Das Hausmeerschweinchen ist ein zur Untersuchung von Zusammenhängen von Sozialverhalten, Stress und Reproduktion sehr gut geeignetes Versuchstier. Hausmeerschweinchen leben sozial und verfügen über ein reiches Repertoire an gut quantifizierbaren sozialen Verhaltensweisen. Soziale Organisation und soziale Mechanismen sind eingehend untersucht (King 1956; Rood 1972; Jacobs 1976; Berryman 1978; Sachser and Hendrichs 1982; Sachser 1986; Sachser 1990; Thyen and Hendrichs 1990; Beer and Sachser 1992; Sachser et al. 1994). Die prinzipiellen Untersuchungsmethoden zur Stressdiagnostik sind durch umfangreiche Untersuchungen an männlichen Hausmeerschweinchen (Hennessy and Ritchey 1987; Sachser 1987; Sachser and Lick 1989; Sachser and Lick 1991; Hennessy et al. 1995) und anderen Labortieren (Übersichten in: Henry and Stephens 1977; Moberg 1985; Chrousos et al. 1988; Manser 1992; Weiner 1992; Broom and Johnson 1993; Toates 1995; von Holst 1998) bereits vorhanden. Darüber hinaus lassen sich Hausmeerschweinchen im Labor leicht züchten und es existiert umfangreiche Literatur zu den reproduktiven Charakteristika dieser Art (Avery 1925; Louttit 1927; Louttit 1929a; Louttit 1929b; Nicol 1933; Young et al. 1935; Wagner and Manning 1976). Daher ist die - für diese Studie essentielle - vollständige Erfassung des Lebenszeit-Reproduktionserfolges leicht möglich. Weiterhin erleichtert wird eine solche

Diskussion 99

Untersuchung dadurch, daß Hausmeerschweinchen besonders einfach zu halten und schnell an tägliche Handlingprozeduren zu gewöhnen sind. Meerschweinchen können nicht nur als Modell für viele sozial lebende Säugetiere dienen, sondern einige anatomisch-physiologische Ähnlichkeiten machen sie auch ganz besonders als Modell für den Menschen attraktiv: Im Gegensatz zu anderen Labortieren haben Meerschweinchen wie der Mensch eine Placenta haemochorialis und Präeklampsie, Eklampsie und Trächtigkeits-toxemie (Ketose) sind bei beiden beschriebene Geburtskomplikationen (Seidl et al. 1979; Ciesla and Busch 1996).

Warum ein domestiziertes Tier?

Hausmeerschweinchen wurden vor ca. 3000 bis 6000 Jahren aus der heute noch lebenden südamerikanischen Wildform, dem Wildmeerschweinchen (*Cavia aperea*) gezüchtet. Sie dienten ursprünglich als Opfertiere und Fleischlieferanten. Es ist daher anzunehmen, daß sich domestikationsbedingte Unterschiede zwischen Wild- und Haustierform herausgebildet haben. Vergleichende Untersuchungen beider Formen haben jedoch gezeigt, daß es kaum Unterschiede im Verhaltensrepertoire gibt (Künzl 1994; Sachser 1998). Möglich erscheinen Unterschiede in der Erregbarkeit und den Auslöseschwellen verschiedener Verhaltensweisen. Auch eine gesteigerte Reproduktivität der domestizierten Form ist typisch für viele Haustiere (Herre and Röhrs 1973; Herre and Röhrs 1974).

Diese domestikationsbedingten Charakteristika des Hausmeerschweinchens beeinflußen die Übertragbarkeit der Ergebnisse auf die Wildform und auf andere Tierarten jedoch nicht, da eine quantitative Übertragung der Ergebnisse nicht angestrebt wird. Es geht hier vielmehr um das Studium prinzipieller Zusammenhänge, die sowohl in der wilden, als auch in der domestizierten Form und wahrscheinlich in vielen anderen Säugetierarten existieren. Die mögliche Selektion weniger stressanfälliger und reproduktiverer Tiere im Laufe der Domestikation steht daher dem Ziel der Untersuchung nicht im Wege - sie ist im Gegenteil von Vorteil: Der möglicherweise belastende Einfluß von für die Versuchsdurchführung notwendigen Prozeduren wie z.B. des täglichen Handlings wird dadurch geringer als bei einer leichter erregbaren Wildform.

Tinbergern (1963) rät, jedes Tier auch in seiner natürlichen Umgebung zu beobachten. Was ist aber die natürliche Umgebung eines Labortieres? Natürlich würde es den Mechanismen der Domestikation nicht gerecht, hier auf das Labor zu verweisen. Aber Tinbergens Intention war wohl, die Anpassung eines Tieres an seinen Lebensraum zu beachten. Insofern hat ein domestiziertes Tier bereits eine gewisse Eignung für sein Umfeld erworben und es ist gerechtfertigt, weitergehende Schlüsse aus dem Studium im Labor zu ziehen.

IV.1.2 Eignung des Versuchsdesigns

Was ist soziale Instabilität?

Der Begriff der „sozialen Instabilität" ist nicht genau definiert. Viele Autoren benutzen ihn für unterschiedliche Phänomene bzw. experimentelle Ansätze. Gemeint kann damit z.b. eine Zeit häufiger Rangwechsel innerhalb einer sozialen Gruppe sein (Sapolsky 1983; Sapolsky 1992; Sapolsky 1993). Häufig ist auch der Austausch von Gruppenmitgliedern gemeint, der wiederum zu Instabilitäten des Sozialsystems führen kann (Henry et al. 1967; Henry et al. 1975; Manuck et al. 1983; Gust et al. 1991; Gust et al. 1993a; Henry et al. 1993; Boissy and Le Neindre 1997). Auch eine gesteigerte Häufigkeit von Kämpfen innerhalb von Gruppen wird als Kriterium für soziale Instabilität herangezogen.

Soziale Instabilität ist ein Phänomen, das auch in anderen Kontexten auftreten kann: Da z.B. erhöhte Populationsdichte und soziale Instabilität z.T. gleiche oder ähnliche Signale an die Tiere aussenden, könnten durchaus gleiche Mechanismen wirken (Cohen et al. 1980).

Typisch für die meisten Studien zur sozialen Instabilität ist ihr transienter Charakter: Rangwechsel, Kämpfe usw. gehen schnell vorüber. Eine der wenigen wirklich langfristigen Studien, bei welchen soziale Instabilität durch den regelmäßigen Austausch von Gruppenmitgliedern erzeugt wurde, ist die von Cohen et al. (Cohen et al. 1992). Während mehr als 2 Jahren wurden Gruppen von Makaken monatlich neu zusammengestellt. Allerdings wurde in dieser Studie vor allem der Einfluß auf immunologische Parameter gemessen.

Warum wurde der tägliche Wechsel lebenslang durchgeführt?

Die Aufwuchsbedingungen der jeweiligen Versuchstiere können einen entscheidenden Einfluß z.b. auf deren soziale Kompetenzen und mögliche Anpassungen haben. So können sich beispielsweise isoliert aufgewachsene Meerschweinchenmännchen als adulte Tiere nicht mehr unterordnen (Sachser and Lick 1989; Lick 1991; Sachser and Lick 1991; Sachser et al. 1994). Daher ist ein kontrolliertes Aufwachsen der Versuchstiere notwendig.

Eine Änderung der „gewohnten" Versuchsbedingungen (z.b. Beendigung der täglichen Umweltveränderungen) könnte eine Reaktion auf diese neuen Bedingungen hervorrufen (z.b. Rhythmen geraten durcheinander, Rebound-Effekt). Um jedoch Lebensdauer und Lebenszeitreproduktionserfolg eines Tieres unter *einer* bestimmten Versuchsbedingung messen zu können, darf diese bis zum Lebensende nicht geändert werden. Alle auf einen Wechsel der Versuchsbedingungen folgenden Ereignisse (z.b. Reproduktionsereignisse, das Lebensende usw.) wären sonst nicht mehr eindeutig der täglich wechselnden sozialen Umwelt zuzuordnen. Die Lebensdauer wäre dann eventuell nicht mehr Folge der Versuchsbedingungen, sondern möglicherweise Folge der Veränderung der Versuchsbedingungen. Um nicht noch weitere Kontrollexperimente durchführen zu müssen, wurden die Versuchsbedingungen daher bis zum Lebensende nicht verändert.

Warum wurde das Umsetzen täglich durchgeführt?

Eine vielversprechende Möglichkeit, dauerhaft soziale Instabilität zu erzeugen, ist der mehrfach wiederholte Austausch von Gruppenmitgliedern. Da soziale Integrationsprozesse oft längere Zeit in Anspruch nehmen können, ist der Zeitpunkt, zu dem ein Gruppenmitglied ausgetauscht wird, wichtig für die daraus erhaltenen Ergebnisse. Unterschiedlich lange Intervalle zwischen Tierwechseln, könnten sonst zu völlig verschiedenen Ergebnissen führen. So hängt bei Schweinen die Zeit, nach der ein Tier ohne größere Rangeleien wieder in seine Gruppe zurückgeführt werden kann, von seiner sozialen Stellung ab. Dominante Tiere konnten noch nach 3 Wochen problemlos wieder in ihre Gruppe integriert werden, während subdominante Tiere bereits nach 3 Tagen Abwesenheit nicht mehr problemlos integriert werden konnten (Ewbank and Meese 1971).

Eine Stabilisierung von Sozialbeziehungen zwischen Hausmeerschweinchen bedarf meiner Erfahrung nach mehrerer Tage oder gar Wochen. Um eine dauerhafte soziale Instabilität sicher zu stellen ist daher das tägliche Umsetzen in eine neue Gruppe die Methode der Wahl.

Werden die Tiere der ansässigen Gruppen den Versuchsweibchen bekannt?

Durch das tägliche Umsetzen der Versuchsweibchen in eine jeweils andere von 13 Gruppen könnten die ansässigen Tiere den Weibchen bekannt werden. Es wären dann keine täglich neuen Interaktionspartner mehr. Für das Entstehen sozialer Instabilität ist es jedoch unerheblich, ob die residenten Tiere individuell bekannt sind, oder nicht, da lediglich täglich andere Individuen als Interaktionspartner zur Verfügung stehen müssen.

Warum Weibchen und nicht Männchen?

Zum einen ist im vorliegenden Versuchsdesign der Reproduktionserfolg direkt und einfach durch Zählen der Jungtiere zu messen.

Problematisch bei den Konfrontationen, in denen Kämpfe zwischen den Tieren ausgetragen werden, ist die Zuordnung der gemessenen Stressparameter zu psychologischen Variablen oder zu den physischen Folgen des Kampfes. Experimente, bei denen es nicht zu Verletzungen oder extremen Aktivitätssteigerungen kommt, erlauben daher genauere Rückschlüsse auf die spezifischen Stressoren. Das weibchenspezifische - vor allem indirekte - aggressive Verhalten führt wesentlich seltener zu Verletzungen. Daher ist eine Trennung physischer und psychischer Belastungsfaktoren möglich, was bei Kämpfen zwischen Männchen häufig kaum möglich ist.

Männchen und Weibchen derselben Tierart können auf soziale Stressoren unterschiedliche Reaktionen zeigen: So ist z.B. „crowding" für männliche Ratten belastend, für Weibchen sogar eher beruhigend (Brown and Grunberg 1995). Über sozialen Stress bei männlichen Hausmeerschweinchen wurde bereits ausführlich gearbeitet (z.b. Sachser and Lick 1989; Stefanski et al. 1989; Sachser and Lick 1991). Für Weibchen fehlt jedoch entsprechendes Wissen größtenteils.

IV.2 Erste These: Soziale Instabilität erzeugt chronischen sozialen Stress

Sowohl die verkürzte Lebensdauer, als auch physiologische und ethologische Belastungsindikatoren legen nahe, daß täglich umgesetzte Weibchen einer wesentlich größeren Belastung unterliegen, als Kontrollen. Im Folgenden werde ich erörtern, warum der tägliche Wechsel der sozialen Umwelt chronischen sozialen Stress erzeugt.

IV.2.1 Aggression zwischen Weibchen

Aggressives Verhalten zwischen weiblichen Säugetieren wird weniger häufig beschrieben als zwischen Männchen der jeweiligen Arten. Dennoch verhalten sich Weibchen vieler Arten unter bestimmten Umständen aggressiv gegeneinander. Bei Versuchen an Hausmeerschweinchen (Beer and Thienenkamp 1998) konnten wir feststellen, daß die sonst in der Regel friedlich miteinander lebenden Weibchen in Konfrontationssituationen selbst eskalierte Kämpfe miteinander ausfechten.

Daß weibliche Säuger weniger aggressiv seien als Männchen ist nach Björkqvist and Niemelä (1992) ein Mythos. Setzt man beispielsweise einander fremde Kaninchenweibchen zu einer Gruppe zusammen, verhalten sie sich solange aggressiv bis eine Rangordnung etabliert ist (Albonetti et al. 1990). Danach ist wieder seltener direktes aggressives Verhalten zwischen den Weibchen zu beobachten.

Aggressives Verhalten zwischen Weibchen ist lediglich weniger häufig zu beobachten, weil häufig eine andere, weniger spektakuläre Form der Aggression für Weibchen typisch ist. Besonders bei Arten mit ausgeprägtem Geschlechtsdimorphismus, bei denen Männchen größer als Weibchen sind, wird aggressives Verhalten von Weibchen seltener direkt, als indirekt ausgeübt (Sackett et al. 1975; Archer 1988;

Lagerspetz et al. 1988; Brain et al. 1992). Der Gewichtsunterschied bei adulten Hausmeerschweinchen der institutseigenen Zucht beträgt ca. 20 % des Weibchengewichtes: Nichtträchtige Weibchen wiegen ca. 1000g, Männchen ca. 1200g. Es ist also anzunehmen, daß weibliche Hausmeerschweinchen ebenfalls vor allem indirekte Aggression zeigen. Dies läßt sich anhand der Verhaltensweise „Ausweichen", die ein guter Indikator für die Häufigkeit direkter agonistischer Interaktionen ist, zeigen. In gemischtgeschlechtlicher Haltung ist dieses Verhalten bei Weibchen wesentlich seltener zu beobachten als bei Männchen. Erst bei Beobachtungen über einen längeren Zeitraum tritt diese Verhaltensweise häufig genug auf, um statistische Vergleiche zu ermöglichen. So erbrachten die jeweils einen ganzen Tag dauernden Beobachtungen eine deutliche Rangbeziehung zwischen den dominanten ansässigen Weibchen und den unterlegenen täglich wechselnden Weibchen. Eine dauernde aversive Motivation der Weibchen darf daher angenommen werden.

Ein weiterer Faktor, der die weibliche Aggression bei Hausmeerschweinchen nicht so deutlich erkennbar werden läßt, ist das Interventionsverhalten der Männchen. Sobald Weibchen einen eskalierten Drohkampf beginnen, geht das Männchen in der Regel dazwischen und die agonistische Interaktion wird beendet (Beer and Thienenkamp 1998).

Spezifisch für Weibchen ist außerdem das verstärkte Auftreten aggressiven Verhaltens um den Zeitpunkt der Geburt und während der Laktation. Diese weibliche Aggression ist hormonabhängig (Albert et al. 1989; Albert et al. 1990b; Albert et al. 1990a). So werden z.B. weibliche, mit einem Männchen gehaltene Ratten, vor der Geburt und während der Laktation besonders aggressiv gegen Eindringlinge. Das gleiche Ausmaß an Aggression kann auch bei Weibchen, die mit einem kastrierten und mit Testosteron behandelten Männchen leben, hervorgerufen werden, indem man häufiger für kurze Zeit ein fremdes Tier einsetzt. Leben die Weibchen nur mit anderen Weibchen zusammen, ist dieses Verhalten nicht zu beobachten (Albert et al. 1988).

Das aggressive Verhalten von Weibchen wird von einigen Autoren als ein wichtiger Faktor für Populationsdichteregulation angesehen: Weibliche Hirschmäuse verhalten sich gegenüber jungen Eindringlingen aggressiv und haben laut Ayer and Whitsett (1980) einen größeren Einfluß auf Populationsdynamiken als Männchen. Aggression zwischen Weibchen ist nach Yasukawa et al. (1985) ein entscheidender Faktor für die

Diskussion 105

Populationsregulation von Hausmäusen. Populationen mit vielen Weibchen und nur einem Männchen wuchsen zu der gleichen Größe heran, wie Populationen mit einem wesentlich höheren Männchenanteil. Einzelne Weibchen konnten eigene Territorien errichten, patroullierten darin und verteidigten sie gegen Eindringlinge beiderlei Geschlechts (Chovnic et al. 1987; Chapman et al. 1998). Weitere Beispiele (Mäuse, Ratten, Gerbils, Hamster, Kaninchen) sind in Brain et al. (1992) zu finden.

IV.2.2 Soziale Instabilität und Vorhersagbarkeit

Die soziale Position eines Tieres innerhalb seiner Gruppe wird häufig als ein wichtiger Faktor für die Entstehung von Stress angesehen. Unterlegene Tiere zeigen dabei häufig Zeichen von Belastung (Beispiele in: Sapolsky 1987; Sachser and Lick 1989; Broom and Johnson 1993; Creel et al. 1996; von Holst 1998). Zusammenhänge zwischen rangniedriger sozialer Stellung und erhöhter Nebennierenrindenaktivität wurden häufig bei Tieren in Gefangenschaft festgestellt. Auch eine Erniedrigung der Rangstellung bei der künstlichen Neugründung von Rhesusaffengruppen resultierte in einem Anstieg der Plasma-Cortisolkonzentration (Chamove and Bowman 1978).

Allerdings liegen auch einige gegenteilige Beobachtungen vor: Bei Wildhunden und Zwergmangusten in der Serengeti stellten Creel et al. (1996) erhöhte Werte von Corticosteroiden in Faeces oder Urin bei dominanten Tieren fest. Die Autoren interpretieren diese Befunde und ihre Verhaltensbeobachtungen als Indiz für größeren sozialen Stress der dominanten Tiere. Kritiker merken jedoch an, daß die Autoren Belege für ihre Interpretation schuldig bleiben.

Weibliche Hausmäuse, die in Populationen mit großem Weibchenanteil und hoher Dichte männchentypisches aggressives Verhalten zeigen, haben ebenfalls im Vergleich zu Kontrollen erhöhte Corticosteronwerte (Chapman et al. 1998).

Dieser scheinbare Widerspruch läßt sich aber auflösen, wenn man beachtet, daß eine subdominante soziale Position nur in Zeiten sozialer Instabilität eine Belastung darstellt. Vor allem für rangniedrige Tiere ist die Vorhersagbarkeit des Verhaltens der Ranghöheren in solchen Situationen stark reduziert. Auf die täglich umgesetzten Weibchen der vorliegenden Studie trifft beides zu: Sie sind sowohl den ansässigen Weibchen unterlegen, als auch in einer Situation der dauernden sozialen Instabilität. Es ist daher nicht erstaunlich, daß sie deutliche Zeichen einer Belastung zeigen.

Eine weitere Situation, die als belastend gilt, ist eine erhöhte Populationsdichte. Hält man z.b. männliche Ratten dicht zusammen, ist ein Anstieg der Corticosterontiter festzustellen (Brown and Grunberg 1995). Die dabei beobachteten Stresserscheinungen wurden deshalb häufig für Populationsdichteregulationen verantwortlich gemacht. Ähnlich wie bei hoher Dichte, reduziert der in der vorliegenden Arbeit verwendete Versuchsansatz die Vorhersagbarkeit des Verhaltens der Gruppengenossen stark. Sowohl unter hoher Dichte, als auch bei dauernder sozialer Instabilität können langfristige individualisierte Beziehungen weniger gut entstehen, da die einzelnen Individuen sich nur selten begegnen.

Ein ebenfalls belastendes Ereignis ist für viele Tiere die Trennung von einem Sozialpartner, zu dem es eine besondere individuelle Beziehung hat. Dies kann die Trennung von Mutter und Kind oder von Männchen und Weibchen sein (Hennessy et al. 1982; Hennessy and Moorman 1989; Hennessy and Sharp 1990; Carter and Getz 1993; Sachser et al. 1993; Getz and Carter 1996; Hennessy et al. 1996; Hennessy 1997; Sachser et al. 1998). Die Trennung von Gruppenmitgliedern stellt für junge weibliche Rinder eine Belastung dar (Boissy and Le Neindre 1997). Dies zeigt sich unter anderem in einem Anstieg der Herzschlagfrequenz, wenn die Tiere getrennt werden und einer Reduktion, wenn die Rinder wieder gruppiert werden. Bemerkenswerterweise ist dabei die Reduktion der Herzfrequenz wesentlich stärker, wenn Tiere, die vorher schon zusammen gehalten worden waren, statt unbekannter Tiere, zusammengeführt werden (Boissy and Le Neindre 1997).

Auch für die täglich umgesetzten Weibchen fand eine tägliche Trennung von den jeweiligen Sozialpartnern statt. Offensichtlich genügte es nicht, daß trotzdem dauernd - allerdings wechselnde - Sozialpartner zur Verfügung standen, um Belastung zu verhindern. Für die Ausbildung einer individualisierten stresspuffernden Beziehung ist wahrscheinlich eine längere gemeinsame Anwesenheit notwendig.

Allen oben geschilderten Situationen und Befunden ist gemeinsam, daß eine verminderte Vorhersagbarkeit der sozialen Umwelt für viele Tiere belastend wirkt. Auch bei nichtsozialen Stressoren ist die Vorhersagbarkeit eines Stressors ein wichtiger Fak-

Diskussion 107

tor für die Entstehung von Stress (Rodriguez Echandia et al. 1988). Ein weiterer Beleg für die Relevanz der Vorhersagbarkeit sind die Arbeiten von J. Weiss (1972; 1984), der in vielen eleganten Versuchen die Rolle der Vorhersagbarkeit von Elektroschocks für das Ausmaß an Belastung für Ratten herausstellen konnte. Dabei darf jedoch nicht außer acht gelassen werden, daß Vorhersagbarkeit allein nicht immer einen stressmindernden Effekt hat: Abbott et al. (1984) differenzieren danach wie häufig die Situation aufgetreten ist und wie stark die Belastung jeweils ist. Unvorhersagbare Elektroschocks sind bei den ersten Versuchen deutlich belastender als vorhersagbare. Vorhersagbare Elektroschocks niedriger Intensität aber längerer Dauer sind jedoch belastender als nicht vorhersagbare.

Unabhängig von den möglichen Ursachen, ist anzunehmen, daß die Vorhersagbarkeit ihrer sozialen Umwelt für die täglich umgesetzten Weibchen ein deutlich verringertes Ausmaß hatte. Dadurch entstand eine chronische Belastung, die anhand einiger physiologischer und ethologischer Indikatoren nachzuweisen ist.

IV.2.3 Physiologische Belastungsindikatoren

Zur Beurteilung von Belastung hat es sich bewährt, Indikatoren für die Aktivierung der wichtigsten übergeordneten Regulationssysteme heranzuziehen. Nach Henry können das Sympathikus-Nebennierenmark-System und das Hypophysen-Nebennierenrinden-System unabhängig voneinander aktiviert werden (Henry and Stephens 1977; Henry 1982; Henry 1992). Daher ist es wichtig, möglichst Indikatoren für die Aktivität beider Systeme zu messen.

Cortisol ist das hauptsächlich von Meerschweinchen ausgeschüttete Glucocorticoid (Dalle and Delost 1976). Es ist daher ein Maß für die Aktivierung des Hypophysen-Nebennierenrinden-Systems. Die Werte von täglich umgesetzten Tieren waren chronisch signifikant erhöht und deuten daher auf eine chronisch höhere Belastung dieser Tiere hin, als bei Kontrollen.

Ein möglicher Einwand bei der Interpretation erhöhter Cortisoltiter von Tieren in Konfrontationsexperimenten ist die mögliche höhere lokomotorische Aktivität von Tieren mit höheren Werten. Denn schon allein eine hohe Aktivität könnte zu einer Steigerung der Cortisolkonzentration führen, ohne daß psychosoziale Faktoren dabei eine Rolle spielen würden. Dieser mögliche Einwand wurde anhand der im Mittel pro Minute zurückgelegten Strecke überprüft und kann zurückgewiesen werden. Im Gegenteil, die täglich umgesetzten Tiere waren tendentiell sogar weniger lokomotorisch aktiv als Kontrollen.

Die Aktivierbarkeit durch Standardbelastungen kann zur Beurteilung der Anpassung des Sympathikus-Nebennierenmark-Systems an Belastungen herangezogen werden (Henry and Stephens 1977; von Holst 1998). Die Reaktivität der Herzschlagfrequenz unter standardisierten Bedingungen ist ein Maß dafür. Die tägliche Wiege- und Untersuchungsprozedur stellte eine ideale Standardsituation zur Herzfrequenzmessung dar. Die Standardisierung betrifft auch den Zeitpunkt bezüglich der Trächtigkeit. Die hier ausgewerteten Daten wurden alle innerhalb des ersten Graviditäts-Trimesters gemessen, sind also vergleichbar. Weiterhin stehen die gemessenen Werte in guter Übereinstimmung mit denen aus der Literatur (Fara and Catlett 1971; Wagner and Manning 1976; De Pasquale et al. 1994; Malkin et al. 1998). Die täglich umgesetzten Tiere wiesen unter den Standardbedingungen deutlich höhere Herzschlagfrequenzen auf, als Kontrolltiere. Es kann also davon ausgegangen werden, daß das Sympathikus-Nebennierenmark-System sich mit einer gesteigerten Aktivierbarkeit an die soziale Instabilität angepaßt hat.

Neben den beiden geschilderten Systemen ist zur Beurteilung von Belastungen noch ein drittes Regulationssystem von Bedeutung: Das Hypophysen-Gonaden-System, auf das ich später näher eingehen werde.

IV.2.4 Ethologische Belastungsindikatoren

Aussagen über sozialen Stress sind ohne eine differenzierte Analyse der Verhaltens nicht möglich (von Holst 1998). Soziale Beziehungen und damit mögliche Belastungen durch Artgenossen lassen sich nur durch eine Analyse des Sozialverhaltens charakterisieren.

Diskussion   109

Die soziale Position der täglich umgesetzten Weibchen ist vor allem durch ihre niedrige Rangstellung gekennzeichnet: Die täglich umgesetzten Tiere weichen vor allem vor den residenten Weibchen viel häufiger aus, als es die Kontrollen tun. Kontaktverhalten wie „Beschnuppern" und „Kontaktlegen" (bei dem Tiere mit Körperkontakt ruhen) wird von den täglich umgesetzten Tieren wesentlich seltener und kürzer gezeigt als von Kontrolltieren. Bei den Kontrollen nähern sich eher die Weibchen den Männchen an, um sich dorthin zu legen, während bei den täglich wechselnden Gruppen die Männchen einen größeren Abstand zu den ruhenden Fokusweibchen einhalten. Selbst die Abstände, die die Körpermittelpunkte voneinander haben, wenn die Tiere mit Körperkontakt liegen, unterscheiden sich. Dies liegt daran, daß sich Kontrolltiere eher mit der ganzen Körperlängsseite aneinanderlegen, während sich die Versuchstiere eher „vorsichtig" mit Kopf und Kopf oder Kopf und Hinterteil berühren.

Die Tiere beider Kategorien bevorzugten die hintere Gehegehälfte vor der vorderen. Allerdings war diese Bevorzugung bei den täglich umgesetzten Tieren wesentlich stärker. Ein möglicher Grund hierfür könnte der bessere Schutz durch die Wand sein. Außerdem können die Tiere von der hinteren Gehegehälfte in den Haltungsraum eintretende Personen schneller erkennen. Wahrscheinlich ist das Sicherheitsbedürfnis der täglich umgesetzten Tiere größer, weshalb sie die hintere Gehegehälfte stärker präferieren.

Weiterhin stellen einige Veränderungen von Verhaltenscharakteristika wie der Sequenzhäufigkeiten und Variabilitäten empfindliche Stressindikatoren dar. Bestimmte Eigenschaften von Verhaltenssequenzen werden als Indikatoren für Stress diskutiert (Alados et al. 1996; Boissy and Le Neindre 1997). Alle Verhaltensweisen, deren Dauer gemessen wurde, wiesen bei den täglich umgesetzten Tieren eine höhere Variabilität auf als bei den Kontrolltieren: Die täglich umgesetzten Weibchen führten ein und dieselbe Verhaltensweise weniger oft für die gleiche Dauer aus, als die Kontrolltiere. Besonders ausgeprägt war dies bei dem kurz dauernden Putzen, das den größten Variabilitätsunterschied aufwies. Dies beruht wahrscheinlich darauf, daß die täglich umgesetzten Weibchen häufiger einen Putzvorgang abbrechen mußten um sich dann später zum Ausgleich länger zu putzen. Dabei ist anzumerken, daß der „normale" relativ starre Ablauf einer Putzsequenz (zuerst den Kopf „waschende" Bewegungen mit den Vorderpfoten, danach „Kämmen" des Fells mit Vorderpfoten und Schneidezähnen usw.) in der Regel fast einem „fixed action pattern" entspricht.

Die zeitliche Struktur des Verhaltens der täglich umgesetzten Tiere war weniger regelmäßig und schlechter vorherzusagen, als das Verhalten der Kontrolltiere. Der häufigste Übergang zwischen zwei Verhaltensweisen des Time-budgets war der von „Fressen am Trog" zu „sonst aktiv". Dieser Übergang hatte mit ca. 77% Wahrscheinlichkeit bei den Kontrolltieren einen fast deterministischen Charakter, während er bei täglich umgesetzten Weibchen eher auf einer probabilistischen Ebene lag. Das heißt dieser Übergang zwischen zwei Funktionskreisen fand bei den täglich umgesetzten Weibchen mit geringerer Wahrscheinlichkeit statt. Die umgesetzten Tiere wendeten sich nach dem Fressen eher den für das Überleben elementaren Verhaltensweisen wie Trinken und Liegen oder auch Putzen zu, anstatt das Gehege zu erkunden oder soziale Interaktionen zu initiieren.

IV.2.5 Belastung durch Reproduktion

Zusätzlich zu den oben erwähnten Belastungsindikatoren, gab es einige Hinweise dafür, daß die Reproduktion für täglich umgesetzte Weibchen eine deutlich stärkere Belastung war als für Kontrollweibchen.

Ein Hinweis auf negative Auswirkungen der wechselnden sozialen Umwelt auf trächtige Weibchen ist die Häufigkeit von möglichen Komplikationen durch die Ruptur der Vaginalmembran während der Trächtigkeit: Während bei Kontrolltieren nur in ca. 20 Prozent der Trächtigkeiten eine Ruptur der Vaginalmembran stattfand, war dies bei täglich umgesetzten Tieren fast doppelt so häufig festzustellen.

Während der Laktation nahmen die täglich umgesetzten Tiere deutlich mehr an Gewicht ab, als die Kontrolltiere. Während der ersten Laktation befanden sich die Weibchen selbst noch im Wachstum und nahmen daher entsprechend weniger zu. Der höhere Gewichtsverlust während der Laktation könnte die Folge von verstärkter sozialer Belastung durch die ansässigen Tiere sein. Zum Beispiel könnten sie weniger Zugang zu Wasser/Futter haben oder Störungen durch die ansässigen Tiere erleiden (beides wurde mehrmals beobachtet).

Wenn Jungtiere geführt wurden, fraßen die täglich umgesetzten Weibchen signifikant weniger als ohne Jungtiere. Bei den Kontrolltieren gab es keinen solchen Unterschied. Wahrscheinlich kam es also zu einer Reduktion der aufgenommenen Futtermenge, was auch zu dem höheren Gewichtsverlust während der Laktation beigetragen haben mag.

Das Komfortverhalten Putzen wurde durch die Anwesenheit der Jungtiere bei den täglich umgesetzten Tieren deutlich reduziert: Die Weibchen putzen sich kürzer als Kontrollweibchen. Die Reduktion von Putzverhalten gilt als typisch für Tiere, die einer starken sozialen Belastung unterliegen (von Holst 1977; Manser 1992).

Weiterhin ist auch der signifikant kürzere Abstand zwischen dem jeweils letzten Wurf und dem Tod bei den täglich umgesetzten Weibchen ein Hinweis auf deren stärkere Belastung durch die Geburt.

IV.2.6 Chronischer Stress

Die temporären Charakteristika von Stressoren beeinflussen das Ausmaß der Stressantwort: Die Antwort der verschiedenen Stressachsen auf unterschiedlich lang dauernde und unterschiedlich häufig auftretende Stresssituationen zeigen unterschiedliche temporäre Dynamiken (Weiner 1992; Koolhaas et al. 1997). Allerdings ist nicht geklärt, wie sich ein erneuter Stressor zu bestimmten Zeitpunkten nach dem Auftreten eines ersten Stressors auswirkt (Koolhaas et al. 1997).

Es werden zwei prinzipiell verschiedene Anpassungen an wiederholte Stressoren beschrieben: Habituation und Sensibilisierung. Ob einzelne aufeinander folgende Stressoren einen potenzierenden, einen additiven oder desensibilisierende Effekt haben, wird unterschiedlich beurteilt. Selbst eine einzige Erfahrung eines größeren Stressors, wie sozialer Unterlegenheit in einer Konfrontation mit einem Artgenossen, kann Langzeitfolgen haben, die von Stunden über Tage bis zu Wochen dauern kann. Es scheint so, als ob eine solche größere Belastung das Tier für weitere Stressoren sensibilisiert (Koolhaas et al. 1997).

Keine Habituation an eine wiederholte stressauslösende Situation konnten Blanchard et al. (1998) finden: Ratten die täglich für eine Stunde hinter einem Gitter einer Katze ausgesetzt wurden, hatten während und nach der 20-tägigen Versuchsperiode deutlich höhere Corticosteronwerte als Kontrollen.

Aber auch sogenannter „chronic mild stress" kann negative Auswirkungen auf Verhalten und Physiologie haben: Werden z.B. Ratten oder Mäuse in festgelegter Reihenfolge verschiedenen angeblich milden Stressoren (Zusammensetzen mit einem neuen Käfiggenossen, Stroboskopbeleuchtung, Futterentzug in einem verschmutzten Käfig, Kippen des Käfigs um 45°, Umsetzen in einen kleineren Käfig, Wasserentzug, Dauerbeleuchtung, 2-stündige Licht-Dunkelphasen) ausgesetzt, so zeigen sie nach mehreren Wochen eine Anhedonie, die der von depressiven Menschen ähnelt (D'Aquila et al. 1994; D'Aquila et al. 1997). Obwohl die Autoren klare Verhaltenseffekte erhalten, ist deren Interpretierbarkeit allerdings sehr eingeschränkt: Weder die Einschätzung, es handle sich um milde Stressoren, wird wissenschaftlich begründet, noch ist es möglich, diejenigen Stressoren zu identifizieren, die Auslöser der Verhaltenseffekte sind. Die Übertragbarkeit solcher chronisch intermittierender Stressmodelle, bei denen die Tiere täglich verschiedenen artifiziellen Stressoren wie Elektroschocks, Immobilisierung, Futter- und Wasserentzug, Rotation, Lärm oder Kälte ausgesetzt werden, auf natürliche Bedingungen erscheint auch Koolhaas et al. (1997) als sehr gering.

Während viele Untersuchungen von einer Sensibilisierung der Hypophysen-Nebennieren-Achse aufgrund von wiederholten Stressreaktionen sprechen, gibt es auch gegenteilige Befunde: Burchfield et al. (1980) zeigen, daß Ratten sich an chronisch intermittierenden Kältestress anpassen. Rattenmännchen, die drei Monate lang täglich für 10 Minuten in einen -20° C kalten Kühlschrank gesperrt wurden, hatten niedrigere hormonelle Stressantworten als Kontrolltiere. Allerdings müssen diese Ergebnisse meines Erachtens mit adäquaten Kontrollen repliziert werden, um auszuschließen daß nicht das Handling der Tiere für die Effekte verantwortlich ist. Laut Burchfield et al. sind alle Säugetiere prädisponiert, sich an chronisch intermittierenden Stress anzupassen (Burchfield 1979). Diese Anpassung wird durch „Antizipation" des Stressors und verringerte Responsivität erreicht. Es liegen jedoch meines Erachtens nicht genügend valide Untersuchungen über chronisch intermittierende Stressoren vor, die eine Habituation nachweisen konnten. Die überwiegende Mehrzahl der Untersuchungen legt vielmehr eine Sensibilisierung nahe.

Diskussion 113

Auch in der vorliegenden Untersuchung führte die tägliche Wiederholung des Umsetzens in eine andere Gruppe zu einer chronischen Belastung. Hinweise auf eine Habituation wurden nicht gefunden. Dagegen deuten die gefundenen Unterschiede in Verhalten und Physiologie auf eine Sensibilisierung der Stressachsen hin.

Der Vorstellung einer Sensibilisierung durch wiederholte Stressoren trägt auch die immer häufigere Verwendung des Begriffes „Allostase" Rechnung. Vor allem im amerikanischen Sprachbereich favorisieren einige Stressforscher den Begriff „Homöostase" durch Allostase zu ersetzen (Stearling and Eyer 1988; Sapolsky et al. 1990; McEwen and Stellar 1993; McEwen 1998; Sapolsky 1998). Homöostase impliziert ein statisches Gleichgewicht mit einem festen „Sollwert", das durch einen Stressor aus der Waage gebracht wird. Dies ist z.b. bei der Regulation des Blutzuckerspiegels, der auf einen „Sollwert" eingestellt wird, zunächst einsichtig. Jedoch werden viele Sollwerte und Auslöseschwellen physiologischer Regulationssysteme dynamisch den Erfordernissen angepaßt. Die Sensibilisierung der Stressantwort wird nach McEwen durch ein Übermaß an „allostatic load" ausgelöst (McEwen 1998).

Auch bei den untersuchten Tieren ist es vorstellbar, daß die chronische Belastung zu einer Veränderung von Sollwerten und Auslöseschwellen physiologischer Regulationssysteme geführt hat.

IV.2.7 Verkürzte Lebensdauer

Weibchen, die täglich einer anderen sozialen Umwelt ausgesetzt wurden, starben im Mittel etwa ein Jahr früher, als Kontrolltiere. Auffälligerweise starben täglich umgesetzte Weibchen viel kürzere Zeit nach ihrem letzten Wurf als Kontrollen. Offensichtlich stellte für täglich umgesetzte adulte Weibchen eine Geburt ein höheres Risiko dar als für Kontrollen.

Obwohl es nicht systematisch untersucht wurde, konnte ich bei einigen täglich umgesetzten Weibchen wenige Tage vor ihrem Tod einen starken Acetongeruch feststellen. Eine solche Acetonämie ist typisch für die Trächtigkeitstoxikose (Bergman and Sellers 1960; Ganaway and Allen 1971; Seidl et al. 1979) bzw. das sog. Fettmobilisationssyndrom des Meerschweinchens (Holdt 1986; Lachmann et al. 1989). Typisch ist eine sistierende Futteraufnahme, Bewegungsunlust, verminderte Ansprechbarkeit bis hin zum Koma, Abort und Milchmangel. Pathologisch-anatomisch ist eine starke Leberverfettung festzustellen. Eine erfolgreiche Therapie ist nicht bekannt. Prädisponierend sind Trächtigkeit und Fettsucht. Als Auslöser werden viele verschiedene Faktoren diskutiert (Lachmann et al. 1989).

Auch bei den von mir untersuchten Tieren konnte ich Hinweise auf diese Symptome beobachten. Folgende Zusammenhänge wären daher vorstellbar: Durch den lebenslangen täglichen Wechsel der sozialen Umwelt findet eine Sensibilisierung der Hypophysen-Nebennierenrinden-Achse statt. Hinzu kommt während der Trächtigkeit eine Zunahme der Cortisolkonzentration im Blut durch gesteigerte Cortisolproduktion in der Nebennierenrinde und durch vermehrte Produktion von CBG (Cortisol Binding Globulin) verminderter Abbau von Cortisol in der Leber (Dalle and Delost 1976; Dalle and Delost 1979). Tritt nun ein belastendes Ereignis wie die Geburt ein, bei dem das Hypophysen-Nebennierenrinden-System aktiviert wird, überreagiert es: Beispielsweise könnte durch Milieuänderungen die Cortisol-Affinität von CBG herabgesetzt werden, was zur Freisetzung großer Mengen des vorher CBG-gebundenen Cortisols führen würde. Selbst 20 Tage nach dem jeweiligen Wurf sind bei täglich umgesetzten Weibchen gegenüber den Kontrollen erhöhte Werte festzustellen. Durch die verstärkte Cortisolfreisetzung findet unter anderem eine verstärkte Lipolyse statt. Die vom möglicherweise ebenfalls sensibilisierten Sympathikus-Nebennierenmark-System ausgeschütteten Katecholamine wirken dabei synergistisch. Täglich umgesetzte Weibchen sind auch als Adulte deutlich schwerer als Kontrollen. Da sie jedoch nicht größer sind, erscheint es legitim, anzunehmen, der Gewichtsunterschied beruhe auf einem größeren Fettanteil. Daher kann sich die Lipolyse bei den viel größeren Fettvorräten der täglich umgesetzten Weibchen besonders fatal auswirken: Es kommt zur Toxikose. Möglicherweise wird Fettgewebe schon vor der Geburt für die lipolytische Wirkung zusätzlich sensibilisiert, um die bevorstehende Laktation vorzubereiten, bei der in kürzester Zeit ein enormer Umbau von Fettgewebe unter anderem in Milch stattfindet (Cowie 1979; Heap 1979). Ein weiterer Hinweis auf eine verstärkte Lipolyse ist auch die wesentlich stärkere Gewichtsabnahme der täglich umgesetzten Weibchen während der Laktation.

Diskussion   115

IV.2.8 Beschleunigte Alterung?

Viele Forscher sehen einen Zusammenhang zwischen Stress und beschleunigter Alterung: Arvay 1976; Everitt 1976a; Everitt 1976b; Everitt and Burgess 1976; Selye and Tuchweber 1976; Busciglio et al. 1998. Erschwert werden Aussagen zu diesem Thema weil es keine allgemein akzeptierte Definition von Altern gibt.

In der vorliegenden Untersuchung haben Weibchen in instabiler sozialer Umwelt zwar ein kürzeres Leben, aber trotzdem die gleiche Reproduktionsleistung wie Kontrollen. Ihre Lebensgeschwindigkeit und damit ihre Alterung könnte daher beschleunigt verlaufen.

Bei Ratten erhöht sich nach Sapolsky mit dem Alter sowohl der im Blut gemessene Gehalt an Glucocorticoiden, als auch die Sensibilität der Hypophysen-Nebennierenrinden-Achse (Sapolsky 1991). Die in der vorliegenden Untersuchung gefundenen erhöhten Cortisolwerte der täglich umgesetzten Weibchen könnten daher auch ein Hinweis auf beschleunigte Alterung sein.

Eine typische Alterserscheinung vieler Säugetiere ist die Erhöhung des Pulsschlages. Die in der vorliegenden Arbeit gefundene erhöhte Herzfrequenz der täglich umgesetzten Weibchen könnte also nicht nur ein Stressindikator, sondern ebenfalls ein Hinweis auf deren schnellere Alterung sein.

Nach Gompertz gibt der Verlauf von Überlebenskurven Auskunft über das Vorliegen von Seneszenz oder einer konstanten Sterberate. Alle Tiere waren bereits ausgewachsen und hatten sich bis auf eines bereits erfolgreich reproduziert, bevor sie starben. Dies spricht nicht für das Vorliegen einer Ursache für eine konstante Sterberate. Geht man davon aus, daß die Überlebenskurve der Kontrolltiere den „natürlichen" Verlauf mit Seneszenz wiedergibt, fällt auf, daß die abfallenden Schenkel der Kurven lediglich parallel versetzt verlaufen. Dies könnte als mögliches Indiz für früher einsetzende Seneszenz gedeutet werden.

Alle hier angeführten Hinweise für eine beschleunigte Alterung täglich umgesetzter Weibchen lassen jedoch keinen eindeutigen Schluß für oder gegen diese Hypothese zu. Es erscheint mir jedoch lohnenswert weitere Untersuchungen mit diesem oder ähnlichen

Modellen zur Beschleunigung des organismischen, als auch des zellulären Alterns infolge von sozialer Instabilität durchzuführen.

Nach diesen Ausführungen zur ersten These ist evident, daß der lebenslange tägliche Wechsel der sozialen Umwelt chronischen sozialen Stress erzeugt. Physiologische und ethologische Indikatoren belegen die Belastung der täglich umgesetzten Weibchen. Diese wird zum einen hervorgerufen durch die prinzipiell aversive Beziehung zwischen täglich umgesetzten und residenten Weibchen, zum anderen durch die stark herabgesetzte Vorhersagbarkeit der sozialen Umwelt. Die Folgen sind erhöhte Krankheitsanfälligkeit und eventuell beschleunigte Alterung.

IV.3 Zweite These: Soziale Instabilität verursacht keine Reduktion des Lebenszeit-Reproduktionserfolges

Obwohl täglich umgesetzte Weibchen stärker belastet waren und früher starben als Kontrollen, setzten sie dennoch im Laufe ihres Lebens nicht weniger Jungtiere ab. Im Folgenden werde ich darauf eingehen, warum dieses Ergebnis überraschend ist, inwiefern es den Erwartungen widerspricht und welches die möglichen Erklärungen sind.

IV.3.1 Stress und Reproduktion

Als eines der wichtigen Regulationssysteme ist die Aktivität der Hypophysen-Gonaden-Achse ein wichtiger Indikator für das Vorliegen von Belastung. Zahlreiche Beispiele belegen, daß belastende soziale Faktoren negative Einflüsse auf die Reproduktion von Säugetieren haben können.

Eine rangniedrige soziale Stellung kann zu geringerem Reproduktionserfolg führen: Eine extreme Reduktion reproduktiver Aktivität aufgrund sozialer Einflüsse ist z.B. für Nacktmulle und Krallenaffen gezeigt (Abbott et al. 1989): Bei beiden Tierarten reproduzieren sich lediglich ranghohe Weibchen, rangniedere fertile Weibchen unterliegen einer „sozialen Kontrazeption". Auch bei Zwergmangusten in der Serengeti wurde eine durch Verhaltensmechanismen ausgelöste reproduktive Unterdrückung von unterlegenen Weibchen beobachtet (Creel et al. 1992). Dominante Hirschkühe haben einen höheren Reproduktionserfolg als unterlegene (Clutton-Brock et al. 1982; Clutton-Brock et al. 1984). Unterlegene Hamsterweibchen haben kleinere Würfe als überlegene (Wise et al. 1985). Weitere Beispiele vgl. auch Wasser and Barash 1983.

Auch hohe Dichte wird für einen reduzierten Reproduktionserfolg verantwortlich gemacht: Wölfe: Packard and Mech 1980, Hirschmäuse: Terman 1980, Mäuse: Lloyd 1980, Rhesusaffen: Sade 1980. Die Einflüsse sozialer Instabilität auf die Reproduktion können entweder über direkte soziale Interaktionen wie z.b. Kämpfe oder auch indirekt über olfaktorische Stimuli (Bruce 1963; Aron 1979) stattfinden. Ein bekanntes Phänomen der instabilen sozialen Umwelt ist der sog. Whitten-Bruce-Effect: Der Zyklus von Mäuseweibchen ändert sich, bzw. trächtige Weibchen resorbieren, wenn man ein fremdes Männchen in ihrer Nähe hält (Whitten 1958; Bruce 1960; Bruce 1963). Eine mögliche Auswirkung des Wechsels von Gruppenzusammensetzungen ist ein Trächtigkeitsblock wie er bei Mäusen beschrieben wurde (Bruce 1963).

Weitere Einflüsse sozialer Instabilität auf die Reproduktion sind z.B. Infantizid: Gruppen von Goldhamstern, die ansonsten solitär leben, wuchsen nicht über 8 Tiere an, weil Jungtiere von den Weibchen getötet wurden (Goldman and Swanson 1975).

Auch beim Menschen sind Einflüsse sozialer Instabilität auf reproduktive Variablen gut belegt (Antonov 1947; Crews 1987). Nicht nur belastende Lebensereignisse sind Prädiktoren von Schwangerschaftsproblemen. Eine wichtige psychosoziale Variable, die dem entgegenwirken kann, ist ein Gefühl der Beständigkeit (Boyce et al. 1985). Umgekehrt läßt also die Wahrnehmung von sozialer Instabilität einen negativen Einfluß auf Schwangerschaftsprobleme annehmen.

Aufgrund all dieser Fakten wurde zu Beginn der Untersuchung erwartet, daß die täglich umgesetzten Weibchen verschiedene negative Auswirkungen von sozialer Instabilität auf ihre Reproduktion zeigen würden. Überraschenderweise war jedoch keine Reduktion des Lebenszeit-Reproduktionserfolges festzustellen, vielmehr war der Reproduktionserfolg der jungen täglich umgesetzten Weibchen sogar signifikant erhöht.

IV.3.2 Neuroendokrine Stress-Mechanismen und Reproduktionserfolg

Obwohl, wie oben gezeigt, die überwiegende Mehrzahl von Studien zum Thema Stress und Reproduktion zu dem Schluß kommen, Stress wirke sich negativ auf reproduktive Variablen aus, trifft dieser Schluß nicht zwangsläufig auf alle Fertilitätskomponenten zu: Chronischer Stress durch dauernde Elektroschocks erhöht bei weiblichen Ratten zwar den ACTH-Gehalt im Blut, hat aber keinen Einfluß auf die Östruszykluslänge (Anderson et al. 1996). Obwohl extensives Schwimmen bei weiblichen Ratten zu veränderten Vaginalzyklen und erhöhten Corticosteronwerten im Blut führt, zeigen sie lordotisches Verhalten und pflanzen sich erfolgreich fort (Axelson 1987). Dominante Wildhunde und Zwergmangusten in der Serengeti haben erhöhte Werte von Corticosteroiden in Faeces oder Urin, was nach Creel et al. (1996) auf sozialen Stress hindeutet. Dennoch sind die dominanten Zwergmangustenweibchen die einzigen reproduzierenden Weibchen der jeweiligen Gruppe.

Negative Einflüsse von Stress auf Reproduktion sind vor allem dann nachweisbar, wenn der neuroendokrine Teil des Hypophysen-Gonaden-System stark beteiligt ist (Rabin et al. 1988). So ist einsichtig, daß sozialer Stress durchaus z.B. die zentralnervös gesteuerte Zykluslänge beeinflußt. Durch sozialen Stress verkürzte Zyklen führen jedoch nicht zwangsläufig zum vollständigen Versagen der Reproduktion, im Gegenteil könnten die entsprechenden Tiere sogar schneller trächtig werden. Ist erst einmal die Konzeption und Implantation erfolgt, bedarf es mit zunehmender Entwicklung des Föten immer stärkerer Belastungen, um eine Trächtigkeit abzubrechen.

Evolutionsbiologische Überlegungen legen nahe, daß eine Selektion von Individuen, bei denen eine Reduktion des Reproduktionserfolges durch Stress erfolgt, nur in seltenen Ausnahmefällen stattgefunden haben dürfte. Vielmehr ist anzunehmen, daß Stress lediglich einen regulierenden Einfluß auf das „wann" und „wie" der Reproduktion haben könnte. Weitgehend autonome, vom psychoneuroendokrinen System weitgehend unabhängige Regulationsmechanismen wie z.B. die endokrine Autonomie des Fötus, sorgen dafür, daß einmal getätigte reproduktive Investitionen selten rückgängig gemacht werden. Eine Selektion, die dazu geführt hat, daß Individuen aufgrund sozialer Einflüsse ihre Reproduktion vollständig einstellen, gab es bei Säugetieren wahrschein-

Diskussion 119

lich nur in wenigen Fällen wie z.b. beim Nacktmull (*Heterocephalus glaber*) (Jarvis 1981; Sherman et al. 1996). Ansonsten sollte lediglich der Zeitpunkt und das jeweilige Ausmaß der Reproduktion von außen durch Stress beeinflußbar sein. Vermutlich haben mehrere Faktoren (z.B. unterschiedliche Wurfgröße, Jungtiermortalität usw.) bei der vorliegenden Studie dazu geführt, daß die täglich wechselnden Weibchen einen ebenso großen Lebenszeit-Reproduktionserfolg hatten wie Kontrollen. Welche das im einzelnen waren, läßt sich momentan nicht spezifizieren. Eine multivariate mehrfaktorielle Analyse einer wesentlich größeren Stichprobenzahl und weitere Experimente wären dafür notwendig.

IV.4 Dritte These: Soziale Instabilität bewirkt eine Anpassung der Life-History-Strategie zur Optimierung des Lebenszeit-Reproduktionserfolges

Eine hochaktuelle Teildisziplin der evolutionsbiologisch orientierten Verhaltensökologie betrachtet ganze Lebensläufe als biologisch sinnvolle bedingte Strategien: Die Life-History-Forschung befaßt sich mit der Lebensgeschichte und deren „Planung". Wichtigstes Postulat ist die Existenz einer Life-History-Strategie. Dieses Konzept beschreibt, wie ein Lebewesen in einem Optimierungsprozess zur Erzielung eines maximalen Lebenszeit-Reproduktionserfolges „Entscheidungen" bezüglich seiner Reproduktion trifft (Stearns 1976; Stearns and Koella 1986; Roff 1992; Stearns 1992; Daan and Tinbergen 1997). Unerläßlicher Bestandteil der Life-History-Theorie ist die Hypothese, daß Reproduktion Kosten in Form von vermindertem Überleben und/oder zukünftiger Reproduktion verursacht. Unter dieser Annahme, gegenwärtige Investitionen in die Reproduktion vermindere in der Zukunft mögliche, muß jedes Lebewesen sinnvolle „Entscheidungen" darüber treffen, wann und in welchem Ausmaß es sich reproduzieren

„will". Dies ist für das Individuum natürlich nur innerhalb des genetisch vorgegebenen Rahmens möglich[1].

Seit dem Beginn der Life-History-Forschung (Stearns 1976) sind nur wenige Arbeiten mit entsprechendem theoretischen Hintergrund über die individuelle Variation der Life-History bei Säugetieren erschienen. Gerade experimentelle Arbeiten, die sich mit den proximaten Mechanismen der individuellen Life-History-Variation beschäftigen, fehlen bisher, obwohl sie viel zum Verständnis dieser Theorie beitragen könnten (Bsp. Finch and Rose 1995). Holmes and Sherry (1997) schließen ihren Artikel über neue Wege zum Verständnis der Life-History-Evolution bei Säugetieren mit dem Satz: *„Information on the proximate, physiological mechanisms underlying individual (including experimentally imposed) variation can greatly expand our understanding of evolutionary forces shaping these characters on a larger taxonomic scale within the mammals."*

Wenn die soziale Instabilität ein wichtiger, die Life-History-Strategie beeinflussender Faktor ist, müßten sich Anpassungen an diese unsichere Umwelt finden lassen.

IV.4.1 Verhaltensanpassung

Die auffälligste Anpassung des Verhaltens an die instabile soziale Umwelt in dieser Untersuchung ist eine Steigerung des Fressverhaltens der täglich umgesetzten Weibchen. Sie fraßen sowohl im Mittel, als auch in der Summe signifikant länger als Kontrolltiere. Dieses Ergebnis war unabhängig davon, ob die Tiere am Trog oder sonst vom Boden fraßen. Da die Weibchen auch wesentlich schwerer wurden als Kontrollen, darf man annehmen, daß täglich umgesetzte Weibchen tatsächlich eine größere Futtermenge aufnahmen.

Eine Steigerung des Fressverhaltens erscheint in einer instabilen, wenig vorhersagbaren Umwelt sinnvoll, da auch die Verfügbarkeit dieser Ressource unsicher sein könnte und daher das Anlegen von „Vorräten" Sinn macht. Auch z.B. bei Kohlmeisen

---

[1] Zwar gilt die Life-History Theorie für alle Lebewesen, der Einfachheit halber werde ich mich jedoch in den folgenden Überlegungen auf (Säuge)-Tiere beschränken.

führt eine unvorhersagbare Tageslänge zu gesteigertem Fressen und zu größeren Fettvorräten (Bednekoff and Krebs 1995). Ein weiterer Grund für die gesteigerte Futteraufnahme mag die Möglichkeit zur Intensivierung der Reproduktion sein. Da zur Erzeugung und Aufzucht von mehr und/oder schwereren Jungtieren pro Zeit eine größere Nahrungsmenge benötigt wird.

IV.4.2 Anpassung der physischen Entwicklung

In engem Zusammenhang mit der größeren aufgenommenen Futtermenge steht das höhere Gewicht der täglich umgesetzten Weibchen. In einer unsicheren Umwelt ist es sinnvoll, daß schon junge Tiere schneller an Gewicht zunehmen, um z.b. schneller die Geschlechtsreife zu erreichen. Bei der vorliegenden Untersuchung unterschied sich schon das Gewicht 36 Tage alter täglich umgesetzter Tiere von den Kontrollen. Ein früherer Eintritt der Pubertät war jedoch nur tendentiell zu erkennen. Auch im ausgewachsenen Zustand waren diese Weibchen zu vergleichbaren Zeitpunkten immer noch deutlich schwerer als Kontrollen.

Ähnliche Zusammenhänge zwischen sozialem Stress und Gewichtszunahme lassen sich auch bei anderen Tierarten feststellen: Dshungarische Zwerghamster bilden eine Männchen-Weibchen-Bindung aus. Trennt man ein solches Paar, kommt es innerhalb weniger Wochen zu einer Erhöhung der Plasma-Cortisol-Konzentrationen. Außerdem zeigen die Tiere eine Hyperphagie und eine starke Zunahme des Körpergewichtes (Castro and Matt 1997). Weibliche Goldhamster, die zu Gruppen zusammengesetzt wurden, haben nach mehreren Wochen vergrößerte Nebennieren und sind wesentlich fetter als einzeln gehaltene Kontrollen (Meisel et al. 1990).

Selbst beim Menschen wird ein Zusammenhang zwischen Stress und Fettleibigkeit diskutiert (King 1988; Ur et al. 1996; Hill and Peters 1998). Dieser „Kummerspeck" entsteht ebenfalls vor allem wegen zu starker Nahrungsaufnahme im Zusammenhang mit erhöhter Belastung (Slochower et al. 1981; Kiberstis and Marx 1998). Erstaunlicherweise gibt es dafür jedoch noch kaum anerkannte Tier-Modelle.

Auch wenn diese „Vorsorge für schlechte Zeiten" unter ad libitum Bedingungen sinnlos erscheint, wäre sie unter natürlichen unvorhersagbaren Umständen (die häufig zu Nahrungsknappheit führen) eine durchaus adaptive Strategie.

IV.4.3 Anpassung der reproduktiven Life-History

Eine Strategie zur Optimierung des Lebenszeit-Reproduktionserfolges ist um so erfolgreicher, je besser sie die zukünftigen Reproduktionschancen vorhersehen kann. Daher sollten Umweltfaktoren, die eine derartige Vorhersage ermöglichen, einen entscheidenden Einfluß auf die Life-History-Strategie eines Tieres haben. Zur Verdeutlichung ein vereinfachtes Beispiel: Ein junges geschlechtsreifes Tier einer Art die sich nur einmal im Leben fortpflanzt und das als Erwachsener wesentlich mehr Nachkommen erzeugen kann, sollte in einer stabilen Umwelt mit seiner Reproduktion warten, bis es seine maximale Leistung erbringen kann, anstatt schon vorher „sein Pulver zu verschießen". Lebt dieses Tier jedoch unter so instabilen Verhältnissen, daß es wahrscheinlich gar nicht so alt wird, um eine maximale Reproduktionsleistung zu erbringen, so sollte es sich so früh wie möglich reproduzieren, um „das Beste aus der Situation zu machen". Der Einfluß, den Umweltfaktoren auf solche Entscheidungen haben, sollte der Bedeutung entsprechen, die sie für die zukünftigen Reproduktionsmöglichkeiten haben. Für viele Säugetiere stellen Artgenossen einen sehr wichtigen Teil der Umwelt dar, der von entscheidender Bedeutung für ihr Überleben und ihre Fortpflanzungsmöglichkeiten sein kann. Daher könnte die gegenwärtige Stabilität der sozialen Umwelt Einfluß auf ihre Life-History-Strategie haben.

Der Reproduktionserfolg setzt sich aus vielen Faktoren zusammen: z.B. Geschlechtsreife, Sexualverhalten, Fertilität im engeren Sinne, Trächtigkeit, Geburt, Jungenaufzucht usw.. Zu all diesen Zeitpunkten können Stressoren einwirken und sich negativ auf die Reproduktionsleistung auswirken. Dennoch sind nicht die Einzelkomponenten, sondern die darwinische Fitness (der Beitrag eines Individuums zum Genpool der nächsten Generation) das Kriterium, nach dem die Evolution selektiert. Der Lebenszeit-Reproduktionserfolg ist ein häufig gebrauchtes Maß für diese Fitness. Daneben beeinflußt aber z.B. auch die Jungtierqualität die Gesamt-Fitness eines Individuums.

Diskussion 123

Obwohl die täglich umgesetzten Weibchen wesentlich kürzer leben als Kontrollen, unterscheidet sich weder die Anzahl der Würfe während des gesamten Lebens, noch die Anzahl der insgesamt geborenen und der abgesetzten Jungtiere von der von Kontrollen. Dies erreichen die täglich umgesetzten Weibchen durch einen signifikant gesteigerten Reproduktionserfolg bis zum Alter von ca. 200 Tagen.

Nicht nur quantitative Reproduktionsunterschiede zwischen den Gruppen lassen sich als Anpassung an die instabile soziale Umwelt interpretieren, sondern auch qualitative Unterschiede der Nachkommen lassen dies zu: Das mittlere Geburtsgewicht von Jungtieren, die von täglich umgesetzten Müttern stammten, war erstaunlicherweise signifikant höher als das von Kontrollen. Entsprechend war die Investition in Nachkommenbiomasse als Summe der Geburtsgewichte, die ein Weibchen pro Jahr erzeugte, bei täglich umgesetzten Tieren deutlich höher.

Auch das Geschlechterverhältnis der Nachkommen gilt als ein variabler Faktor, der an Umwelteinflüsse angepaßt werden könnte (Trivers and Willard 1973; Burley 1982; Clutton-Brock et al. 1984; Clutton-Brock and Iason 1986; Gosling 1986; Clutton-Brock 1988; Krakow and Hoeck 1989; Clutton-Brock 1991; Lummaa et al. 1998). Seit der Veröffentlichung von Trivers` und Willards` (1973) Hypothese über die natürliche Selektion der Fähigkeit zur Anpassung des Geschlechterverhältnisses von Nachkommen, gab es sowohl etliche Untersuchungen, die diese Hypothese stützten, als auch zahlreiche widersprechende Befunde (Übersicht in Clutton-Brock and Iason 1986). Die Hypothese sagt Folgendes aus: Bei polygynen Säugetieren variiert der Fortpflanzungserfolg von Männchen stärker als der von Weibchen weil ein Großteil der Männchen von der Fortpflanzung ausgeschlossen wird, während sich fast alle Weibchen reproduzieren. Es wird angenommen, daß sich ein männliches Jungtier, das sich am Ende der Brutpflegephase in guter Kondition befindet später häufiger reproduzieren wird als ein Weibchen in gleichguter Kondition. Im Falle einer schlechten Kondition reproduziert sich das Weibchen besser als das Männchen, weil das Männchen durch Konkurrenten völlig von der Reproduktion ausgeschloßen wird. Daher sollte nach Trivers und Willard die natürliche Selektion unter ganz bestimmten Umständen die elterliche Fähigkeit bevorzugen, das Geschlechterverhältnis der Nachkommen - abweichend vom natürlichen 50/50-Verhältnis - der eigenen Investitionsfähigkeit anzupassen. Weibchen in guter Kondition sollten mehr Söhne als Töchter produzieren, während schlechte Kondition das Geschlechterverhältnis mehr zu den Weibchen verschieben sollte. Die Hypothese hängt von drei Annahmen ab: 1. Die Kondition der Jungen korreliert mit der Kondition der Mutter. 2. Konditionsunterschiede zwischen den Jungen am Ende der Brutpflegephase bleiben bis zum Adultstadium erhalten. 3. Der Fortpflanzungserfolg adulter Männchen profitiert schon von geringeren Konditionsunterschieden als der von Weibchen.

Zwar ist in der vorliegenden Studie wegen der geringen Stichprobenzahl kein individueller Vergleich der Geschlechterverhältnisse möglich, aber Aussagen über die kumulative Anzahl abgesetzter Jungtiere geben dennoch Hinweise: Während Kontrolltiere insgesamt mehr Weibchen als Männchen absetzen, ziehen die täglich umgesetzten Weibchen mehr Männchen als Weibchen auf. Bemerkenswert erscheint mir, daß dieser Unterschied bei den heranwachsenden - bis zu 200 Tage alten - Weibchen statistisch abzusichern ist.

In Übereinstimmung mit der Trivers-Willard-Hypothese steht, daß die schwereren täglich umgesetzten jungen Weibchen (im Vergleich zu Kontrollen) ein zu Männchen verschobenes Geschlechterverhältnis der abgesetzten Jungen aufweisen. Ob jedoch die drei letztgenannten Voraussetzungen der Hypothese beim Meerschweinchen gegeben sind, ist nicht geklärt.

IV.4.4 „Living fast and dying young"

„Schnell leben und jung sterben" könnte als ein Fazit der vorliegenden Ergebnisse gelten: Weibliche Hausmeerschweinchen, die durch zeitlebens täglich wechselnde soziale Umwelten eine drastisch gesteigerte Anzahl von Lebensereignissen erfahren, leben „schneller", aber wegen der Folgen des chronischen Stresses kürzer als Kontrollen.

Überraschenderweise bewirkten die Belastungen durch die instabile soziale Umwelt jedoch auch Anpassungen des Verhaltens, der physischen Entwicklung und der reproduktiven Life-History-Strategie, die der Optimierung des Reproduktionserfolges in einer unsicheren Umwelt dienen. Unter Einbezug der Life-History-Theorie lassen die Ergebnisse daher folgende Interpretation zu: Die täglich wechselnde soziale Umwelt wird als Indikator einer unvorhersagbaren Umwelt wahrgenommen. Daher optimieren die Tiere ihre Life-History, indem sie unter Eingehen von größeren Risiken, ihre Lebens- und Reproduktionsgeschwindigkeit beschleunigen.

IV.5 Schlußfolgerungen

IV.5.1 Chronischer sozialer Stress ist ein proximater Mechanismus der Life-History-Strategie

Um eine Anpassung der individuellen Life-History an eine unvorhersagbare Zukunft leisten zu können, müssen die Tiere über einen Mechanismus zur Feststellung sozialer Instabilität verfügen. Es ist jedoch nicht anzunehmen, die untersuchten Meerschweinchen könnten ein abstaktes Konzept von Instabilität entwickeln. Vielmehr ist als möglicher Mechanismus für die Feststellung einer unvorhersagbaren Zukunft die Häufigkeit von Stressreaktionen vorstellbar. Wachstum des Nebennierenrindengewebes, Veränderungen der Rezeptorausstattung, der Produktionsrate von Bindungsproteinen, der neuronalen Vernetzung usw. könnten die Folge sein. Tiere, die selten Regulationsbedarf ihrer übergeordneten physiologischen Regulationssysteme erfahren haben, leben in einer vorhersehbaren, stabilen Umwelt und können ihre Life-History-Strategie darauf ausrichten. Tiere, die jedoch häufig ihre Regulationssysteme benutzen - also chronischen Stress erfahren - sollten auch ihre Life-History-Strategie umstellen. Wie die vorliegende Untersuchung zeigt, liegt es nahe, anzunehmen, daß der durch soziale Instabilität erzeugte soziale Stress ein Mechanismus ist, über den die beschriebene Anpassung der Life-History-Strategie verläuft.

Im Folgenden werde ich darlegen, wie ich mir die Zusammenhänge zwischen dem proximaten Faktor Stress und seiner Funktion bei der Optimierung des Lebenszeit-Reproduktionserfolges vorstelle.

Aktuelle, biomedizinisch beeinflußte Stresskonzepte (Fraser et al. 1975; Henry and Stephens 1977; Moberg 1985; Weiner 1992; Broom and Johnson 1993; Koolhaas et al. 1995; Toates 1995; Chrousos 1998; McEwen 1998; Sapolsky 1998; von Holst 1998) lassen sich z.T. vereinfacht folgendermaßen darstellen (vgl. auch Abbildung 62):

126 Diskussion

Ein äußerer Stimulus wird von dem Organismus wahrgenommen. Eine zentralnervöse Instanz nimmt dessen Bewertung vor und stuft ihn gegebenenfalls als Stressor ein. Diese Bewertung wird moduliert durch genetische Vorgaben (beispielsweise ist eine unbekannte Katze für einen Elefanten kein Stressor, für eine Maus sehr wohl), Erfahrung (hat der Elefant schlechte Erfahrungen mit der Katze gemacht?) und weitere Modulatoren. Ist der Stimulus als Stressor bewertet worden, tritt die Stressreaktion ein.

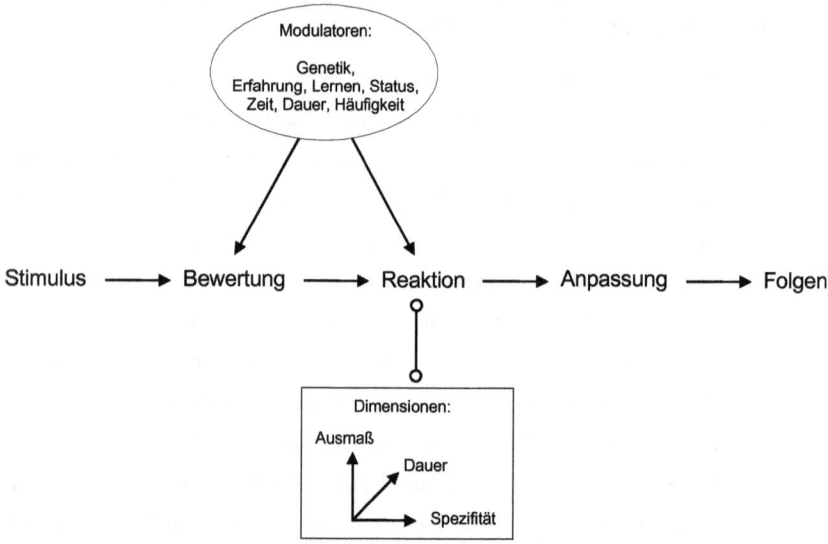

Abbildung 62: Modulatoren und Dimensionen der Stressreaktion.

Diese Reaktion hat mehrere Dimensionen:
a) Die Spezifität: Nach der Henry'schen Vorstellung reagieren auf einen Stressor ein oder mehrere Achsen unabhängig voneinander (Hypophysen-Nebennierenrinden-System, Sympathikus-Nebennierenmark-System, Hypophysen-Gonaden-System). Das hängt wiederum von den Modulatoren ab.
b) Die Dauer einer Stressreaktion kann ebenfalls unterschiedlich sein. Ein starker Stressor kann beispielsweise eine längere Aktivierung des Hypophysen-Neben-

nierenrinden-Systems bewirken, als ein schwacher. Auch können die Stress-Achsen unterschiedlich lange aktiviert werden.

c) Das Ausmaß einer Stressreaktion kann ebenfalls variieren. Beispielsweise sind in einer stark belastenden Situation höhere Cortisolwerte zu messen, als in einer weniger belastenden.

Die Stressreaktion führt zu einer Anpassung an die bedrohliche Situation. Beispielsweise wird durch die Aktivierung des Hypophysen-Nebennierenrinden-Systems unter anderem der Blutzuckerspiegel erhöht, was den Organismus bereit zu einem Kampf oder zur Flucht macht. Neben den Anpassungen an die stressauslösende Situation kann die chronische Stressreaktion auch noch weitere mögliche negative Folgen wie Bluthochdruck, Arteriosklerose usw. haben (vgl. Übersicht z.b. in von Holst 1998).

Die eben geschilderten aufeinander folgenden Ebenen der Stressreaktion (Stimulus, Bewertung, usw.) werden in Abbildung 63 auf den konkreten Fall des hier geschilderten Experimentes angewendet: Die täglich wechselnde soziale Umwelt wird zentralnervös als Stressor bewertet. Eine Stressreaktion wird ausgelöst, indem das Hypophysen-Nebennierenrinden-System und das Sympathikus-Nebennierenmark-System aktiviert werden (vgl. Abbildung 63). Da sich dies täglich wiederholt, tritt eine chronische Anpassung dieser Systeme ein, mit den bekannten Folgen von chronischem Stress. Eine dieser Folgen ist meiner Hypothese zufolge eine weitere Aktivierung einer zentralnervösen Bewertungsinstanz (möglicherweise ist es die gleiche, die Stressoren bewertet). Dies scheint möglich durch zahlreiche nachgewiesene Feedback-Mechanismen der Stress-Achsen. Im Folgenden läuft die Anpassung der Life-History parallel zur Stressreaktion in den gleichen Stufen ab. Die Einstufung des chronischen sozialen Stresses als Life-History-Bedrohung führt zu einer Life-History-Optimierungsreaktion. Diese sorgt für Anpassungen an die unsichere Umwelt in Form von forcierter Nahrungsaufnahme und forcierter Reproduktion (vgl. Abbildung 63).

Die Folgen sowohl der chronischen Stressreaktion als auch der daraus resultierenden Life-History-Optimierungsreaktion sind eine optimierte Life-History zum Preis eines kürzeren Lebens.

128   Diskussion

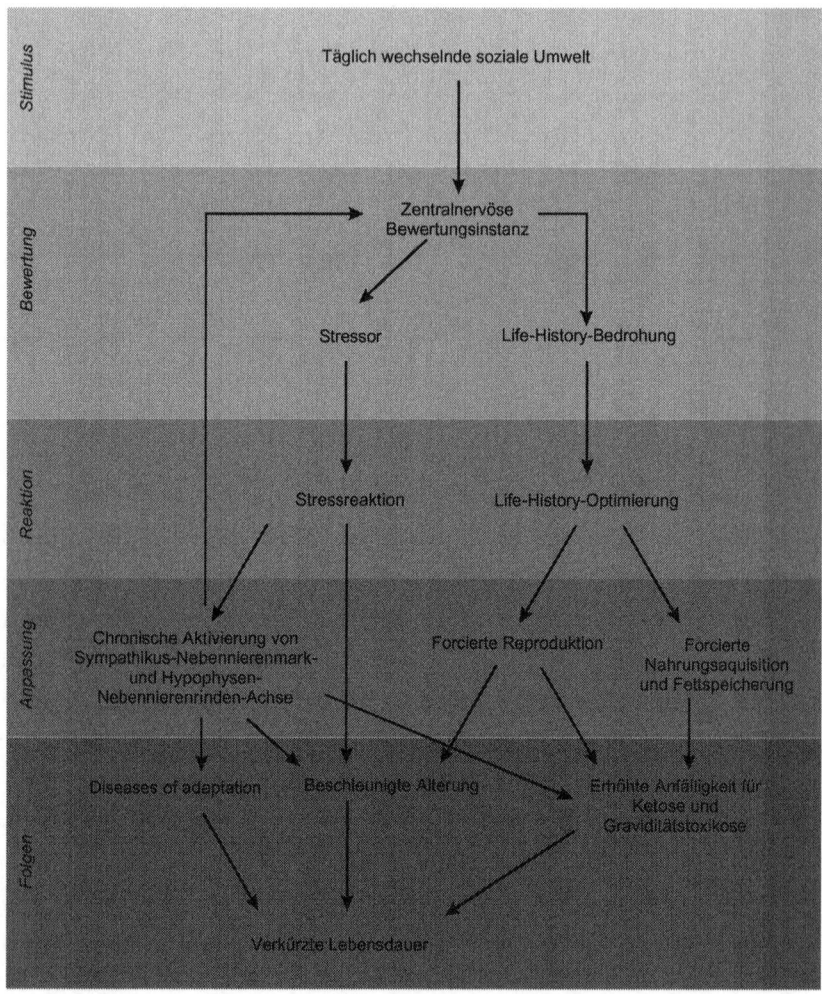

Abbildung 63: Hypothetische Zusammenhänge von Stressreaktion und Life-History-Optimierung.

Diskussion 129

IV.5.2 Stresskonzepte

In den letzten ca. 25-30 Jahren entwickelten sich die Fragestellungen der Verhaltensforschung von ursprünglich vor allem proximaten Mechanismen zu ultimaten Fragen - nach dem Anpassungswert eines Verhaltens (Drickamer 1998). In letzter Zeit wiederum mehren sich die Versuche zur Integration beider Forschungsrichtungen (Drickamer and Gillie 1998). Die 1975 von E. O. Wilson vorhergesagte Spaltung der Ethologie in funktionale und kausale Zweige ist auch nach Krebs and Davies (1997) nicht eingetreten. Die aktuelle 4. Ausgabe ihres evolutionsbiologisch orientierten Buches „Behavioural Ecology" enthält sogar einen eigenen Teil über Mechanismen. Kausale und funktionale Fragestellungen sind zwar logisch unterschiedlich, die Kombination aus beiden kann aber zu Erklärung biologischer Phänomene wesentlich mehr beitragen, als nur eine Richtung der Fragestellung (Mayr 1961; Curio 1994; Mayr 1997).

Auch für das Stresskonzept sind in jüngster Zeit einige Versuche der Integration evolutionsbiologisch-verhaltensökologischer Begriffe zu verzeichnen. Das ursprünglich medizinische Selye'sche Stresskonzept fokussierte sinnvollerweise auf die Störung des inneren Gleichgewichtes (der Homöostase) und die Krankheitsentstehung. Es wurde angenommen, die Stressreaktion sei adaptiv, weil sie der Aufrechterhaltung der lebensnotwendigen Homöostase diene. Kritiker fragten jedoch, welchen adaptiven Wert die Stressantwort hat, wenn sie letztenendes zum Tod des betroffenen Tieres führen kann (vgl. z.B. Barnett 1988). Die evolutionsbiologischen Disziplinen wiederum bestehen bei ihrer Verwendung des Stressbegriffes auf der Integration einer den Reproduktionserfolg bzw. die Fitness beeinflussenden Funktion von Stress. Ökologische Stressdefinitionen wiederum dehnen ihre Untersuchungsobjekte sogar auf ganze Populationen und Ökosysteme aus.

Bei dem Versuch das Stress-Konzept zu aktualisieren haben daher mehrere Autoren (Broom and Johnson 1993; Hofer and East 1998) ein evolutionsbiologisches Kriterium in das biomedizinische Stresskonzept eingeführt: Stress verringere - wirklich oder potentiell - den Reproduktionserfolg. Diese Definitionserweiterung macht auf den ersten Blick durchaus Sinn. Führt doch eine Aktivierung z.B. der Hypophysen-Nebennierenrinden-Achse häufig zu einer verminderten Hypophysen-Gonaden-Aktivität oder sogar zur Sterilität. Auch Krankheitsentstehung und Tod sind mögliche Folgen von chronischem Stress. Dabei übersehen die Autoren jedoch, daß die ursprüngliche Definition sowohl die Beschreibung des Phänomens, als auch dessen Funktion, nämlich die Erhaltung der Homöostase (bzw. Allostase) beinhaltete. Die Einführung des Kriteriums der Reduktion des Reproduktionserfolges hieße die Funktion zu verändern. Die Folgen von Stress sind zwar untrennbar mit der Definition verbunden, können aber nicht als Kriterium herangezogen werden, weil es sich dabei lediglich um Möglichkeiten handelt. Ein noch schwerwiegenderes Problem ist die Operationalisierbarkeit dieses erweiterten Stresskonzeptes: Eine biomedizinische Stressdefinition, bei der Ärzte Stress erst retrospektiv diagnostizieren könnten, wäre absurd. Auch in der veterinärmedizinischen Stressdiagnostik ist das Kriterium des reduzierten Reproduktionserfolges häufig sinnlos: Masttiere reproduzieren sich nie, können aber sehr wohl unter Stress stehen. Die Entwicklung eines Stresskonzeptes, das nicht operationalisierbar ist und aus dem sich keine testbaren Hypothesen ableiten lassen, würde es bedeutungslos machen (Mayr 1997).

Weiterhin legt die vorliegende Arbeit nahe, daß es auch Anpassungen der Life-History-Strategie an Stress geben kann. Damit wäre eine solche Definition ebenfalls absurd. Es scheint daher sinnvoller, proximate und ultimate Faktoren nicht in der Stressdefinition zu vermischen und eine Erweiterung des Stresskonzeptes in der oben geschilderten Art abzulehnen.

Zu dieser Vermischung von Stressindikatoren und Stresskonsequenzen haben wahrscheinlich zwei Tatsachen beigetragen:

1. Mißverständnisse bei der Verwendung des Begriffes „Anpassung". Chrousos et al. (1988) als Vertreter des aktuellen medizinischen Stresskonzeptes meinen damit eine Anpassung um die Homöostase zu erreichen. Evolutionsbiologen wie z.B. Hofer and East (1998) meinen eine Anpassung um einen höheren Reproduktionserfolg zu erreichen.

2. Die Messung der vermeintlich gleichen Kausalität durch Bio-Mediziner und Evolutionsbiologen an unterschiedlichen Stellen: Die verschiedenen Stresskonzepte unterscheiden sich bei scheinbar ähnlichen Aussagen über Zusammen-

hänge von Stress und Reproduktionserfolg in der Lage der Messebene (vgl. Tabelle 6).

Tabelle 6: Die unterschiedlichen Messebenen der Forschungsdisziplinen.

Biomedizinisch, psychologische Stresskonzepte	**Messung** physiologischer Mechanismen zur Erhaltung der Homöostase	⇨	Implikationen für Lebenszeit-Reproduktionserfolg
verhaltensökologisch, evolutionsbiologische Stresskonzepte	Implikation physiologischer Mechanismen zur Erhaltung der Homöostase	⇨	**Messung** von Lebenszeit-Reproduktionserfolg

Bei dieser Betrachtung wird aber außer acht gelassen, daß es auch rückwirkende Zusammenhänge zwischen möglicher zukünftiger Verminderung des Reproduktionserfolges und physiologischen Mechanismen geben könnte, die zu einer Anpassung physiologischer Mechanismen zur Optimierung des Lebenszeit-Reproduktionserfolges führen können.

Die biomedizinische und davon abgeleitete Stressdefinitionen enthalten Implikationen für die Fitness der Tiere, hat sie jedoch kaum unter kontrollierten bzw. natürlichen Bedingungen gemessen. Umgekehrt enthält auch das evolutionsbiologisch-verhaltensökologische Stresskonzept Implikationen für die zugrundeliegenden Mechanismen. Aber auch hier sind Messungen proximater Ursachen kaum anzutreffen. Dabei ist eine zentrale Annahme, daß hinter den meßbaren Trade-Offs, die oft Korrelationen darstellen, Mechanismen bzw. funktionale Verknüpfungen stecken. Eine Kausalität ist bisher auf individueller Basis jedoch kaum gezeigt, wohl aber häufig mit dem Verweis auf physiologische Mechanismen impliziert worden.

Da nach den Befunden der vorliegenden Untersuchung die Life-History-Strategie durch Stress beeinflußt wird, kann der Weg zu einer echten Integration evolutionsbiologischer Überlegungen in das biomedizinische Stresskonzept nur über die gleichzeitige Messung physiologischer Mechanismen und des Lebenszeit-Reproduktionserfolges führen (vgl. Tabelle 7).

Tabelle 7: Der Weg zur Integration ultimater und proximater Faktoren.

Entwicklung eines integrativen Stresskonzeptes	**Messung** physiologischer Mechanismen und allostatischer Anpassungen	⇨	**Messung** von Lebenszeit-Reproduktionserfolg

Das gegenwärtig einzige mir bekannte Modell, das aufgrund empirischer Daten entwickelt wurde und versucht, belastende Umwelteinflüsse, physiologische Mechanismen und Life-History zu integrieren, ist das von der Arbeitsgruppe um J. Wingfield: 1996 stellten (publiziert in Wingfield et al. 1998) das Konzept des „emergency life history stage" vor. Labile Störfaktoren (unvorhersagbare Umweltfaktoren) sollen den Organismus aus dem momentanen Stadium der Life-History in ein transitorisches Notfall-Stadium bringen. Dies ist durch zahlreiche adaptive Veränderungen von Verhalten und Physiologie gekennzeichnet. Obwohl das Konzept vor allem an Vögeln entwickelt wurde, glauben die Autoren auch an die Anwendbarkeit bei allen anderen Vertebraten. Deutliche Parallelen des Mechanismus zur Stressreaktion der Hypophysen-Nebennierenrinden-Achse sind auffällig. Die Autoren wollen ihr Konzept alternativ zu den gängigen Stresskonzepten verstanden wissen.

Zukünftige weitere Forschung, die gleichzeitig sowohl die funktionale, als auch die kausale Ebene untersucht, wird zeigen müssen, wie eine Integration der Konzepte Stress und Life-History sinnvoll möglich ist.

Diskussion 133

IV.5.3 Wohlergehen

Eine wichtige Anwendung des Stresskonzeptes liegt im Bereich der Beurteilung des Wohlergehens von Tieren (Dawkins 1982; Beer and Sachser 1991; von Holst 1991; Beer and Sachser 1992; Manser 1992; Broom and Johnson 1993; Sachser and Beer 1995). Der im Tierschutzgesetz leider etwas unglücklich gewählte Ausdruck des Wohlbefindens ist der wissenschaftlichen Untersuchung nicht zugänglich, da es sich hierbei um ein subjektives Empfinden des Individuums handelt. Dennoch besteht nahezu Einigkeit, daß das Auftreten der Stressreaktion ein Zeichen für schlechtes Wohlergehen ist. Wohlergehensparameter sind daher der objektiven Messung zugänglich (Beer and Sachser 1992; Beer et al. 1994; Beer and Sachser 1994).

Wie schon weiter oben aufgeführt, können die übergeordneten Regulationssysteme unabhängig voneinander aktiviert werden. Zur Stressdiagnostik ist es daher ratsam Indikatoren für die Aktivität mehrerer Achsen gleichzeitig zu messen. Zwei Ursachen haben m.e. jedoch dazu geführt, daß immer wieder nicht Indikatoren der Aktivität der Regulationssysteme gemessen werden, sondern lediglich häufige Folgen oder Korrelate von Stress: Zum Einen ist die Analyse von Stressindikatoren aufwendig und teuer, zum anderen erscheint es zunächst plausibel, statt dessen einfach festzustellende Folgen von Stress wie z.B. Gewichtsreduktion oder Reproduktionsschwierigkeiten als grobes Maß heranzuziehen. Bei Nutztieren im weitesten Sinne (landwirtschaftliche Nutztiere, Labortiere, Sport- und Heimtiere, Zoo- und Zirkustiere) wird Wohlergehen häufig direkt mit diesen Variablen korreliert: Gewichtsabnahme - schlechtes Wohlergehen, Gewichtszunahme - gutes Wohlergehen; keine Reproduktion - schlechtes Wohlergehen, erfolgreiche Reproduktion - gutes Wohlergehen. Wie die vorliegende Untersuchung zeigt, kann dieses Vorgehen jedoch zu fatalen Fehleinschätzungen führen: Täglich umgesetzte Weibchen sind deutlich schwerer und reproduzieren sich während eines Lebensabschnittes deutlich mehr als Kontrollen, ihr Wohlergehen ist jedoch sehr wahrscheinlich schlechter.

Auf den konkreten Anwendungsfall von in den Medien häufig anzutreffender angeblicher Belege tiergerechter Haltung bezogen, läßt sich provokativ formulieren: Weder die schnellere Gewichtszunahme von Mastschweinen durch eine bestimmte Haltungsform, noch die Geburt eines Jungtieres einer seltenen Tierart im Zoo sind verläßliche Indikatoren für das Wohlergehen dieser Tiere.

V Zusammenfassung

Beer, R. (1999): **Stress und Life-History weiblicher Hausmeerschweinchen in instabiler sozialer Umwelt. Dissertation, Universität Bayreuth.**

Die vorliegende Untersuchung ist die erste experimentelle Studie an einem Säugetier, in der lebenslang täglich die soziale Umwelt verändert und gleichzeitig sowohl Verhalten, physiologische Belastungsparameter und der Lebenszeit-Reproduktionserfolg gemessen wurde.

Hierfür wurden von 13 weiblichen Experimental- und 13 Kontrolltieren relevante ethologische, physiologische und reproduktionsbiologische Parameter detailliert erfaßt. Die Experimentaltiere wechselten lebenslang täglich in eine andere Gruppe, während die identisch gehandelten Kontrollen in einer stabilen sozialen Umwelt lebten. Neben Aufzeichnungen der gesamten Lebensgeschichte jeden Tieres wurden tägliche Messungen des Gewichtes und des reproduktiven Zustandes durchgeführt, sowie regelmäßig Indikatoren für die Aktivität des Hypophysen-Nebennierenrinden-Systems, des Sympathikus-Nebennierenmark-Systems und des Hypophysen-Gonaden-Systems gemessen. Mehr als 1000 h Verhaltensbeobachtungen der Tiere wurden einer detaillierten Analyse unterzogen.

Die wichtigsten Ergebnisse waren:

(1) Weibchen, deren soziale Umwelt täglich wechselt, leben wesentlich kürzer als Kontrolltiere.

(2) Sie haben chronisch höhere Cortisolkonzentrationen im Blut und höhere Herzschlagfrequenzen während einer Standardsituation.

(3) Sie nehmen gegenüber den jeweils ansässigen Tieren eine unterlegene soziale Position ein. Die Dauer der beobachteten Verhaltensweisen variiert bei ihnen deutlich mehr als bei Kontrollweibchen.

(4) Sie fressen wesentlich länger und werden deutlich schwerer als Kontrollen.

(5) Überraschenderweise erreichen die täglich umgesetzten Weibchen - obwohl sie früher sterben - den gleichen Lebenszeit-Reproduktionserfolg wie Kontrollen, da sie bis zum Erreichen des adulten Alters deutlich mehr Junge absetzen. Täglich umgesetzte Weibchen haben schwerere Jungtiere und einen größeren Männchenanteil.

Die soziale Instabilität führt somit zu chronischem sozialem Stress, verursacht jedoch wider Erwarten keine Reduktion des Lebenszeit-Reproduktionserfolges, sondern führt zu einer Anpassung der Life-History-Strategie.

Eine Hypothese darüber, wie proximate Stress-Mechanismen zu einer Anpassung der individuellen Life-History geführt haben mögen, wird entwickelt. Implikationen sowohl für die Erweiterung des psychologisch-biomedizinischen Stresskonzeptes um evolutionsbiologisch-verhaltensökologische Überlegungen, als auch für die Anwendung des Stresskonzeptes im Tierschutz werden diskutiert.

VI Summary

Beer, R. (1999): Stress and life-history in female guinea pigs living in an unstable social environment. Doctoral thesis, University of Bayreuth.

This study presents the first life-long experiment on a mammal in a continuously daily changing social environment, which has measured behavior and physiological stressparameters as well as lifetime reproductive success.

During this study relevant behavioral, physiological and reproductive parameters were obtained on a daily basis for 13 experimental subjects and 13 controls. The experimental animals changed their group daily during their whole life, while identically handled controls lived in a stable social environment. The record contains complete life-history data, weights, reproductive states, indicators for activities of the pituitary-adrenocortical-system, the sympathetic-adrenomedullary-system, the pituitary-gonadal-system. Additionally more than 1000 h of behavioral observations were analysed in detail.

The main results were:

(1) Female guinea pigs living in a daily changing social environment have a shorter life-span than identically treated controls.

(2) They have a higher cortisol-titre and a higher heart-rate frequency during a standard procedure.

(3) They achieve only low-ranking social positions within the groups. Coefficients of variation of behavioral durations are higher than in controls.

(4) They also show an increase in food-intake and become heavier than controls.

(5) Interestingly - although living shorter - they achieved the same amount of life-time reproductive success as controls by weaning more young during an early stage of their lifes. Daily change females produce heavier litters with a male-biased sex-ratio.

These results indicate that permanent social instability causes chronic social stress, surprisingly without reducing lifetime reproductive success, but leading to an adaptation in life-history-strategy.

A hypothesis is developed on how proximate stress-mechanisms may have caused individual life-history-adaptation. Implications are discussed for an extension of the concept of stress in psychology and biomedicine, as well as for the application of the concept of stress in terms of animal welfare.

VII Literatur

Abbott, B., L. Schoen and P. Badia (1984). "Predictable and unpredictable shock: Behavioral measures of aversion and physiological measures of stress." Psychological Bulletin **96**: 45-71.

Abbott, D. H., J. Barrett, C. G. Faulkes and L. M. George (1989). "Social contraception in naked mole-rats and marmoset monkeys." J. Zool. Lond. **219**: 703-710.

Adams, M. R., J. R. Kaplan and D. R. Koritnik (1985). "Psychosocial influences on ovarian endocrine and ovulatory function in Macaca fascicularis." Physiology & Behavior **35**: 935-940.

Alados, C. L., J. M. Escos and J. M. Emlen (1996). "Fractal structure of sequential behaviour patterns: An indicator of stress." Animal Behaviour **51**: 437-443.

Albert, D. J., E. M. Dyson, D. M. Petrovic and M. L. Walsh (1988). "Activation of aggression in female rats by normal males and by castrated males with testosterone implants." Physiology & Behavior **44**(1): 9-13.

Albert, D. J., R. H. Jonik and M. L. Walsh (1990a). "Aggression by ovariecomized female rats with testosterone implants: Competitive experience activates aggression toward unfamiliar females." Physiology & Behavior **47**(4): 699-703.

Albert, D. J., R. H. Jonik and M. L. Walsh (1990b). "Hormone-dependent aggression in female rats: Testosterone implants attenuate the decline in agression following ovariectomy." Physiology & Behavior **47**(4): 659-664.

Albert, D. J., D. M. Petrovic and M. L. Walsh (1989). "Ovariectomy attenuates aggression by female rats cohabiting with sexually active sterile males." Physiology & Behavior **45**(2): 225-228.

Alberts, S., R. Sapolsky and J. Altman (1992). "Behavioral, endocrine, and immunological correlates of immigration by an aggressive male into a natural primate group." Hormones and Behavior **26**: 167-178.

Albonetti, M. E., F. Dessi-Fulgheri and F. Farabollini (1990). "Intrafemale agonistic interactions in the domestic rabbit (Oryctalagus cuniculus L.)." Aggressive Behavior **16**: 77-86.

Anderson, S. M., G. A. Saviolakis, R. A. Baumann, K. Y. Chu, S. Ghosh and G. J. Kant (1996). "Effects of chronic stress on food acquistion, plasma hormones, and the estrous cycle of female rats." Physiology & Behavior **60**(1): 325-329.

Antonov, A. N. (1947). "Children born during the siege of Leningrad in 1942." Journal of Pediatrics **30**: 250-259.

Archer, J. (1988). "The behavioral biology of aggression". Cambridge, Cambridge University Press.

Aron, C. (1979). "Mechanisms of control of the reproductive function by olfactory stimuli in female mammals." Physiological Reviews **59**: 229-284.

Arvay, A. (1976). "Reproduction and aging". In: "Hypothalamus, pituitary and aging". A. V. Everitt and J. A. Burgess. Springfield, Ill., Charles C. Thomas: 362-376.

Aus der Mühlen, K. and H. Ockenfels (1969). "Morphologische Veränderungen im Diencephalon und Telencephalon nach Störungen des Regelkreises Adenohypophyse-Nebennierenrinde III. Ergebnisse beim Meerschweinchen nach Verabreichung von Cortison und Hydrocortison." Z. Zellforschung **93**: 126-141.

Avery, G. T. (1925). "Notes on the reproduction in Guinea pigs." Journal of Comparative Psychology **5**: 373-396.

Axelson, J. F. (1987). "Forced swimming alters vaginal cycles, body composition, and steroid levels without disrupting lordosis behavior or fertility in rats." Physiology & Behavior **41**: 471-479.

Ayer, M. L. and J. M. Whitsett (1980). "Aggressive behavior of female prairie deer mice in laboratory populations." Animal Behaviour **28**: 763-771.

Barnett, S. A. (1988). "Enigmatic death due to "social stress". A problem in the strategy of research." Interdisciplinary Science Reviews **13**(1): 40-51.

Bednekoff, P. A. and J. R. Krebs (1995). "Great tit fat reserves: Effects of changing and unpredictable feeding day length." Functional Ecology **9**: 457-462.

Beer, R. (1996). "A simple method for recording and analyzing spatial behaviour". Measuring Behavior 96. International Workshop on Methods and Techiques in Behavioral Research, Utrecht.

Beer, R. (1998). "A simple method for measuring heart-rate in Guinea pigs during a standard handling procedure". Measuring Behavior 98. 2nd International Conference on Methods and Techniques in Behavioral Research, Groningen.

Beer, R., S. Kaiser, N. Sachser and K. Stanzel (1994). "Meerschweinchen. Merkblatt zur tierschutzgerechten Haltung von Versuchstieren".

Beer, R. and N. Sachser (1991). "Verhaltensstrategien und Belastung in Gruppen männlicher Hausmeerschweinchen." Zeitschrift für Säugetierkunde **56 Suppl.**: 6-7.

Beer, R. and N. Sachser (1992). "Sozialstruktur und Wohlergehen in Männchengruppen des Hausmeerschweinchens". In: "Aktuelle Arbeiten zur artgemäßen Tierhaltung 1991", KTBL Schrift. **351**: 158-167.

Beer, R. and N. Sachser (1994). "Social structure and welfare in all-male-groups of Guinea pigs". International Congress on Applied Ethology, Berlin.

Beer, R. and I. Thienenkamp (1998). "Intervention männlicher Hausmeerschweinchen in agonistische Interaktionen zwischen Weibchen.". 16. Ethologentreffen, Halle.

Bergman, E. N. and A. F. Sellers (1960). "Comparison of fasting ketosis in pregnant and nonpregnant Guinea pigs." American Journal of Physiology **198**: 1083-1086.

Bernard, C. (1878). "Les Phenomenes de la Vie". Paris, Librairie J. B. Bailliere et Fils.

Berryman, J. C. (1978). "Social behaviour in a colony of domestic Guinea pigs: Aggression and dominance." Zeitschrift für Tierpsychologie **46**: 200-214.

Bertram, B. C. R. (1975). "Social factors influencing reproduction in wild lions." Journal of Zoology London **177**: 463-482.

Björkqvist, K. and P. Niemelä (1992). "Of mice and women: Aspects of female aggression". New York, Academic Press.

Blanchard, R. J., J. N. Nikulina, R. R. Sakai, C. McKittrick, B. McEwen and D. C. Blanchard (1998). "Behavioral and endocrine change following chronic predatory stress." Physiology & Behavior **63**(4): 561-569.

Boissy, A. and P. Le Neindre (1997). "Behavioral, cardiac and cortisol responses to brief peer separation and reunion in cattle." Physiology & Behavior **61**(5): 693-699.

Boyce, W. T., C. Schaefer and C. Uitti (1985). "Permanence and change: Psychosocial factors in the outcome of adolescent pregnancy." Soc. Sci. Med. **21**(11): 1279-1287.

Bradley, A. J., I. R. McDonald and A. K. Lee (1980). "Stress and mortality in a small marsupial (Antechinus stuartii, Macleay)." General and Comparative Endocrinology 40: 188-200.

Brain, P. F., M. Haug and S. Parmigiani (1992). "The aggressive female rodent: Redressing a "scientific" bias". In: "Of mice and women. Aspects of female aggression". K. Björkqvist and P. Niemelä. San Diego, Academic Press: 27-36.

Broom, D. M. and K. G. Johnson (1993). "Stress and animal welfare". London, Chapman & Hall.

Brown, K. J. and N. E. Grunberg (1995). "Effects of housing on male and female rats: Crowing stresses males but calms females." Physiology & Behavior 58(6): 1085-1089.

Brown-Grant, K. and M. R. Sherwood (1971). "The "early androgen syndrome" in the Guinea-pig." J. Endocr. 49: 277-291.

Bruce, H. M. (1960). "A block to pregnancy in the mouse caused by proximity of strange males." Journal of Reproduction and Fertility 1: 96-103.

Bruce, H. M. (1963). "Olfactory block to pregnancy among grouped mice." Journal of Reproduction and Fertility 6: 451-460.

Burchfield, S. R. (1979). "The stress response: A new perspective." Psychosomatic Medicine 41(8): 661-672.

Burchfield, S. R., S. C. Woods and M. S. Elich (1980). "Pituitary adrenocortical response to chronic intermittent stress." Physiology & Behavior 24: 297-302.

Burley, N. (1982). "Facultative sex-ratio manipulation." American Naturalist 120: 81-107.

Busciglio, J., J. K. Andersen, H. M. Schipper, G. M. Gilad, R. McCarty, F. Marzatico and O. Toussaint (1998). "Stress, aging, and neurodegenerative disorders: Molecular mechanisms". In: "Stress of Life: From Molecules to Man". P. Csermely. New York, The New York Academy of Sciences. 851: 429-443.

Büttner, D. and F. Wollnik (1982). "Untersuchungen zur Kurzzeitperiodik beim Meerschweinchen (Cavia aperea f. porcellus)." Z. Säugetierkunde 47: 370-380.

Calhoun, J. B. (1962). "Population density and social pathology." Scientific American 206: 139-148.

Cannon, W. B. (1929). "Bodily changes in pain, hunger, fear and rage". New York, Appleton.

Carter, S. and L. L. Getz (1993). "Monogamy and the prairie vole." Scientific American: 100-106.

Castro, W. L. R. and K. S. Matt (1997). "Neuroendocrine correlates of separation stress in thr siberian dwarf hamster (Phodopus sungorus)." Physiology & Behavior 64(4): 477-484.

Chamove, A. S. and R. E. Bowman (1978). "Rhesus plasma cortisol response at four dominance positions." Aggressive Behavior 4: 43-55.

Chapman, J. C., J. J. Christian, M. A. Pawlikowski and S. D. Michael (1998). "Analysis of steroid hormone levels in female mice at high population density." Physiology & Behavior 64(4): 529-533.

Chovnic, A., N. J. Yasukawa, H. Monder and J. J. Christian (1987). "Female behavior in populations of mice in the presence and absence of male hierarchy." Aggressive Behavior 13: 367-375.

Christian, J. J. (1961). "Phenomena associated with population density." Proc. Nat. Acad. Sci. 47: 428-448.

Christian, J. J. (1971). "Population density and reproductive effiency." Biology of Reproduction 4: 248-294.

Christian, J. J. and C. D. Lemunyan (1958). "Adverse effects of crowding on lactation and reproduction of mice and two generations of their progeny." Endocrinology 63: 517-529.

Chrousos, G. P. (1998). "Stressors, stress, and neuroendocrine integration of the adaptive response: The 1997 Hans Selye memorial lecture". In: "Stress of Life: From Molecules to Man". P. Csermely. New York, The New York Academy of Sciences. 851: 311-335.

Chrousos, G. P., D. L. Loriaux and P. W. Gold (1988). "The concept of stress and its historical development". In: "Mechanisms of physical and emotional stress". G. P. Chrousos, D. L. Loriaux and P. W. Gold. New York, Plenum Press: 3-7.

Ciesla, I. and W. Busch (1996). "Studies an the development of a pre-eclampsie model in Guinea pigs." Reproduction in Domestic Animals 30: 474.

Clutton-Brock, T. H. (1988). "Reproductive succes". Chicago, University of Chicago Press.

Clutton-Brock, T. H. (1991). "Parental investment in sons and daughters". In: "The evolution of parental care". Princeton, Princeton University Press: 208-227.

Clutton-Brock, T. H., S. D. Albon and F. E. Guiness (1984). "Maternal dominance, breeding success, and birth sex ratios in Red Deer." Nature **308**: 358-360.

Clutton-Brock, T. H., S. D. Albon and F. E. Guinness (1989). "Fitness costs of gestation and lactation in wild mammals." Nature **337**: 260-262.

Clutton-Brock, T. H., F. E. Guiness and S. D. Albon (1982). "Red Deer. Behavior and ecology of two sexes". Chicago, University of Chicago Press.

Clutton-Brock, T. H. and G. R. Iason (1986). "Sex ratio variation in mammals." Quarterly Review of Biology **61**: 339-374.

Clutton-Brock, T. H., I. R. Stevenson, P. Marrow, A. D. MacColl, A. I. Houston and J. M. McNamara (1996). "Population fluctuations, reproductive costs and life-history tactics in female soay sheep." Journal of Animal Ecology **65**: 675-689.

Cobb, S. (1976). "Social support as a moderator of life stress." Psychosomatic Medicine **38**(5): 300-314.

Cohen, M. N., R. S. Malpass and H. G. Klein (1980). "Biosocial mechanisms of population regulation". New Haven, Yale University Press.

Cohen, S., J. R. Kaplan, J. E. Cunnick, S. B. Manuck and B. S. Rabin (1992). "Chronic social stress, affiliation, and cellular immune response in nonhuman primates." Psychological Science **3**(5): 301-304.

Cowie, A. T. (1979). "Hormone und Laktation". In: "Fortpflanzungsbiologie der Säugetiere". C. R. Austin and R. V. Short. Berlin, Parey. **3**: 93-121.

Creel, S., N. Creel, D. E. Wildt and S. L. Monfort (1992). "Behavioural and endocrine mechanisms of reproductive suppression in serengeti dwarf mongooses." Animal Behaviour **43**: 231-245.

Creel, S., N. M. Creel and S. L. Monfort (1996). "Social stress and dominance." Nature **379**: 212.

Crews, D. (1987). "Psychobiology of reproductive behavior. An evolutionary perspective". New York, Prentice Hall.

Curio, E. (1994). "Causal and functional questions: How are they linked?" Animal Behaviour **47**: 999-1021.

Daan, S. and J. M. Tinbergen (1997). "Adaptation of life histories". In: "Behavioral ecology. An evolutionary approach". J. R. Krebs and N. B. Davies. Oxford, Blackwell Science: 311-333.

D`Aquila, P. S., P. Brain and P. Willner (1994). "Effects of chronic mild stress on performance in behaviour tests relevant to anxiety and depression." Physiology & Behavior **56**(5): 861-867.

D`Aquila, P. S., J. Newton and P. Willner (1997). "Diurnal variation in the effect of chronic mild stress on sucrose intake and preference." Physiology & Behavior **62**: 421-426.

Dalle, M. and P. Delost (1976). "Plasma and adrenal cortisol concentrations in foetal, newborn and mother Guinea-pigs during the perinatal period." Journal of Endocrinology **70**: 207-214.

Dalle, M. and P. Delost (1979). "Foetal-maternal production and transfer of cortisol during the last days of gestation in the Guinea-pig." J. Endocr. **82**: 43-51.

Dawkins, M. S. (1982). "Leiden und Wohlbefinden bei Tieren". Ulm, Ulmer Fachbuch.

Dawkins, M. S. (1998). "Evolution and animal welfare." The Quaterly Review of Biology **73**: 305-328.

De Catanzaro, D. and E. MacNiven (1992). "Psychogenic pregnancy disruptions in mammals." Neuroscience and Biobehavioral Reviews **16**: 43-53.

De Pasquale, M. J., L. W. Ringer, R. L. Winslow, R. A. Buchholz and A. A. Fossa (1994). "Chronic monitoring of cardiovascular function in the conscious Guinea pig using radio-telemetriy." Clinical and Experimental Hypertension **16**(2): 245-260.

Drickamer, L. C. (1998). "Vertebrate Behavior: Integration of proximate and ultimate causation." American Zoologist **38**: 39-42.

Drickamer, L. C. and L. L. Gillie (1998). "Integrating proximate and ultimate causation in the study of vertebrate behavior: Methods considerations." American Zoologist **38**: 43-58.

Ely, D. L. and J. P. Henry (1978). "Neuroendocrine response patterns in dominant and subordinate mice." Hormones and Behavior **10**: 156-169.

Everitt, A. V. (1976a). "Conclusion: Aging and its hypothalamic-pituitary control". In: "Hypothalamus, pituitary and aging". A. V. Everitt and J. A. Burgess. Springfield, Ill., Charles C. Thomas: 676-702.

Everitt, A. V. (1976b). "The nature and measurement of aging". In: "Hypothalamus, pituitary and aging". A. V. Everitt and J. A. Burgess. Springfield, Ill., Charles C. Thomas: 5-42.

Everitt, A. V. and J. A. Burgess (1976). "Hypothalamus, pituitary and aging". Springfield Ill., Charles C. Thomas.

Ewbank, R. and G. B. Meese (1971). "Aggressive behaviour in groups of domesticated pigs on removal and return of individuals." Animal Production **13**: 685-693.

Fara, J. W. and R. H. Catlett (1971). "Cardiac response and social behaviour in the Guinea-pig (Cavia porcellus)." Animal Behaviour **19**: 514-523.

Fenske, M., E. Fuchs and B. Probst (1982). "Corticosteroid, catecholamine and glucose plasma levels in rabbits after repeated exposure to a novel environment or administration of (1-24)ACTH or insulin." Life Sciences **31**: 127-132.

Finch, C. E. and M. R. Rose (1995). "Hormones and the physiological architecture of life history evolution." The Quaterly Review of Biology **70**: 1-52.

Floody, O. R. (1983). "Hormones and aggression in female mammals". In: "Hormones and aggressive behavior". B. B. Svare. New York, Plenum Press: 39-89.

Frame, L. H., M. J. R., F. G. W. and H. Van Lawick (1979). "Social organization of African wild dogs on the Serengeti plains, Tanzania 1967 - 1978." Zeitschrift für Tierpsychologie **50**: 225-249.

Fraser, D., J. S. D. Ritchie and A. F. Fraser (1975). "The term "stress" in a veterinary context." Br. Vet. J. **131**: 653-662.

Fuchs, E., H. Uno and G. Flügge (1995). "Chronic psychosocial stress induces morphological alterations in hippocampal pyramidal neurons of the tree shrew." Brain Research **673**: 275-282.

Ganaway, J. R. and A. M. Allen (1971). "Obesity predisposes to pregnancy toxemia (ketosis) of Guinea pigs." Laboratory Animal Sciences **21**: 40-44.

Garris, D. R. (1986). "The ovarian-adrenal axis in the Guinea pig: Effects of photoperiod, cyclic state and ovarian steroids on serum cortisol levels." Hormones and Metabolic Research **18**: 34-37.

Getz, L. L. and C. S. Carter (1996). "Prairie-vole partnerships." American Scientist **84**: 56-62.

Goldman, L. and H. Swanson (1975). "Population control in confined colonies of golden Hamsters (Mesocricetus auratus Waterhouse)." Zeitschrift für Tierpsychologie **37**: 225-236.

Gosling, L. M. (1986). "Biased sex ratios in stressed animals." American Naturalist **127**: 893-896.

Goy, R. W., R. M. Hoar and W. C. Young (1957). "Length of gestation in the Guinea pig with data on the frequency and time of abortion and stillbirth." Anat. Rec. **128**: 747-757.

Grime, J. P. (1989). "The stress debate: Symptom of impending synthesis?" Biological Journal of the Linnean Society **37**: 3-17.

Gust, D., T. Gordon, A. Brodie and H. McClure (1996). "Effect of companions in modulating stress associated with new group formation in juvenile rhesus macaques." Physiology & Behavior **59**(4/5): 941-945.

Gust, D. A., T. P. Gordon and M. K. Hambright (1993a). "Response to removal from and return to a social group in adult male rhesus monkeys." Physiology & Behavior **53**(3): 599-602.

Gust, D. A., T. P. Gordon, M. K. Hambright and M. E. Wilson (1993b). "Relationship between social factors and pituitary-adrenocortical activity in female rhesus monkeys (Macaca mulatta)." Hormones and Behavior **27**: 318-331.

Gust, D. A., T. P. Gordon, M. E. Wilson, A. Ahmed-Ansari, A. R. Brodie and H. M. McClure (1991). "Formation of a new social group of unfamiliar female rhesus monkeys affects the immune and pituitary adrenocortical systems." Brain, Behavior and Immunity **5**: 296-307.

Heap, R. B. (1979). "Hormone und Gravidität". In: "Fortpflanzungsbiologie der Säugetiere". C. R. Austin and R. V. Short. Berlin, Parey. **3**: 67-92.

Hennessy, M. B. (1997). "Hypothalamic-pituitary-adrenal responses to brief social seperation." Neuroscience and Biobehavioral Reviews **21**(1): 11-29.

Hennessy, M. B., S. J. Mazzei and S. M. McInturf (1996). "The fate of filial attachment in juvenile Guinea pigs housed apart from the mother." Developmental Psychobiology **29**(8): 641-651.

Hennessy, M. B., S. P. Mendoza and J. N. Kaplan (1982). "Behavior and plasma cortisol following brief peer separation in juvenile squirrel monkeys." American Journal of Primatology **3**: 143-151.

Hennessy, M. B. and L. Moorman (1989). "Factors influencing cortisol and behavioral responses to maternal separation in Guinea pigs." Behavioral Neuroscience **103**: 378-385.

Hennessy, M. B., C. K. Nigh, M. Sims and S. J. Long (1995). "Plasma cortisol and vocalization responses of postweaning age Guinea pigs to maternal and sibling separation: Evidence for filial attachment after weaning." Developmental Psychobiology **28**(2): 103-115.

Hennessy, M. B. and R. L. Ritchey (1987). "Hormonal and behavioral attachment responses in infant Guinea pigs." Developmental Psychobiology **20**: 613-625.

Hennessy, M. B. and K. Sharp (1990). "Voluntary and involuntary maternal separation in Guinea pig pups with mothers required to forage." Developmental Psychobiology **23**: 783-796.

Henry, J. P. (1982). "The relation of social to biological processes in disease." Soc. Sci. Med. **16**: 369-380.

Henry, J. P. (1986). "Neuroendocrine patterns of emotional response". In: "Emotions: Theory, research and experience". R. Plutchik and H. Kellermann. New York, Academic Press: 37-60.

Henry, J. P. (1992). "Biological basis of the stress response." Integrative Physiological and Behavioral Science **27**(1): 66-83.

Henry, J. P., D. E. Ely, P. M. Stephens, H. L. Ratcliffe, G. A. Santisteban and A. P. Shapiro (1971). "The role of psychosocial factors in the development of arteriosclerosis in CBA mice. Observations on the heart, kidney and aorta." Atheriosclerosis **14**: 203-218.

Henry, J. P., Y. Y. Liu, W. E. Nadra, C. Qian, P. Mormede, V. Lemaire, D. Ely and E. D. Hendley (1993). "Psychosocial stress can induce chronic hypertension in normotensive strains of rats." Hypertension **21**: 714-723.

Henry, J. P., J. P. Meehan and P. M. Stephens (1967). "The use of psychosocial stimuli to induce prolonged systolic hypertension in mice." Psychosomatic Medicine **29**: 408-432.

Henry, J. P. and P. M. Stephens (1977). "Stress, health, and the social environment. A sociobiologic approach to medicine". New York, Springer.

Henry, J. P., P. M. Stephens and F. M. C. Watson (1975). "Force breeding, social disorder and mammary tumor formation in CBA/USC mouse colonies: A pilot study." Psychosomatic Medicine **37**: 277-283.

Henry, J. P. and P. Stephens-Larson (1985). "Specific effects of stress on disease processes". In: "Animal stress". G. Moberg. Bethesda, American physiological society: 161-176.

Herre, W. and M. Röhrs (1973). "Haustiere - zoologisch gesehen". Stuttgart, Fischer.

Herre, W. and M. Röhrs (1974). "Das Verhalten der Haustiere". In: "Grzimeks Tierleben. Verhaltensforschung". K. Immelmann. Stuttgart, Kindler: 583-593.

Herrenkohl, L. R. (1979). "Prenatal stress reduces fertility and fecundity in female offspring." Science 206: 1097-1099.

Hill, J. O. and J. C. Peters (1998). "Environmental contributions to the obesity epidemic." Science 280: 1371.

Hinde, R. A. and S. Atkinson (1970). "Assessing the roles of social partners in maintaining mutual proximity, as exemplified by mother-infant relations in rhesus monkeys." Animal Behaviour 18: 169-176.

Hofer, H. and M. L. East (1998). "Biological conservation and stress". In: "Stress and Behavior". A. P. Moller, M. Milinski and P. J. B. Slater. San Diego, Academic Press. 27: 405-526.

Hofer, M. A. and M. M. Myers (1996). "Animal models in psychosomatic research." Psychosomatic Medicine 58: 521-523.

Holdt, J. (1986). "Untersuchungen zum Fettmobilisationssyndrom beim Meerschweinchen". Diplomarbeit, Karl-Marx-Universität Leipzig. Leipzig.

Holmes, D. J. and D. Sherry (1997). "Selected approaches to using individual variation for understanding mammalian, life-history evolution." Journal of Mammalogy 78: 311-319.

Holmes, T. and R. Rahe (1967). "The social readjustment rating scale." Journal of Psychosomatic Research 11: 213-218.

Hüther, G. (1996). "The central adaptation syndrome: Psychosocial stress as a trigger for the adaptive modification of brain structure and brain function." Progress in Neurobiology 48: 569-612.

Immelmann, K. (1982). "Wörterbuch der Verhaltensforschung". Berlin, Parey.

Jacobs, W. W. (1976). "Male-female associations in the domestic Guinea pig." Animal Learning Behavior 4: 77-83.

Jarvis, J. U. M. (1981). "Eusociality in a mammal: Cooperative breeding in naked mole-rat colonies." Science 212: 571-573.

Jones, C. T. (1974). "Corticosteroid concentrations in the plasma of fetal and maternal Guinea pigs during gestation." Endocrinology 95: 1129-1133.

Kämpfe, L. (1997). "Altern und Tod - biologische und soziologische Aspekte Teil I." Biologie in der Schule 46: 50-59.

Kaplan, J. R., S. B. Manuck, T. B. Clarkson, F. M. Lusso and D. M. Taub (1982). "Social status, environment, and atherosclerosis in cynomolgus monkeys." Arteriosclerosis **2**: 239-368.

Kiberstis, P. A. and J. Marx (1998). "Regulation of body weight." Science **280**: 1363.

King, B. M. (1988). "Glucocorticoids and hypothalamic obesity." Neuroscience and Biobehavioral Reviews **12**: 29-37.

King, J. A. (1956). "Social relations of the domestic Guinea pig living under seminatural conditions." Ecology **37**: 221-228.

Koolhaas, J. M., V. Baumans, H. J. M. Blom, D. von Holst, P. J. A. Timmermans and R. P. Wiepkema (1995). "Verhalten, Streß und Wohlbefinden". In: "Grundlagen der Versuchstierkunde". L. F. M. Van Zutphen, V. Baumans and A. C. Beynen. Stuttgart, Gustav Fischer: 71-92.

Koolhaas, J. M., P. Meerlo, S. F. De Boer, J. H. Strubbe and B. Bohus (1997). "The temporal dynamics of the stress response." Neuroscience and Biobehavioral Reviews **21**: 775-782.

Krakow, S. and H. N. Hoeck (1989). "Sex ratio manipulation, maternal investment and behaviour during concurrent pregnancy and lactation in house mice." Animal Behaviour **37**: 177-186.

Krebs, C. J. (1996). "Population cycles revisited." Journal of Mammalogy **77**(1): 8-24.

Krebs, J. R. and N. B. Davies (1997). "Behavioural Ecology. An evolutionary approach". Oxford, Blackwell Science.

Künkele, J. and F. Trillmich (1997). "Are precocial young cheaper? Lactation energetics in the Guinea pig." Physiological Zoology **70**: 589-596.

Künzl, C. (1994). "Vergleichende werhaltensendokrinologische Untersuchungen an Wild- und Hausmeerschweinchen". Diplomarbeit Lehrstuhl Tierphysiologie, Universität Bayreuth. Bayreuth.

Lachmann, G., I. Hamel, J. Holdt and M. Füri (1989). "Untersuchungen zum Fettmobilisationssyndrom am Meerschweinchen (Cavia porcellus L.)." Arch. exper. Vet. med. **43**: 231-240.

Lagerspetz, K. M. J., K. Björkqvist and T. Peltonen (1988). "Is indirect aggression typical of females? Gender differences in aggressiveness in 11- to 12-year-old children." Aggressive Behavior **14**: 403-414.

Lamprecht, J. (1992). "Biologische Forschung: Von der Planung bis zur Publikation". Berlin, Verlag Paul Parey.

Läpple, M. (1988). "Stress als Erklärungsmodell für Spontanaborte (SA) und rezidivierende Spontanaborte (RSA)." Zentralblatt für Gynäkologie 110(6): 325-335.

Lazarus, R. S. (1966). "Psychological stress and the coping process". New York, McGraw Hill.

Lehner, P. N. (1996). "Handbook of ethological methods". Cambridge, Cambridge University Press.

Lick, C. (1991). "Soziale Erfahrung und Belastung bei Hausmeerschweinchen". Dissertation Lehrstuhl Tierphysiologie, Universität Bayreuth. Bayreuth.

Lidicker, W. Z. (1976). "Social behaviour and density regulation in house mice living in large enclosures." Journal of Animal Ecology 45: 677-698.

Lloyd, J. A. (1980). "Interaction of social structure and reproduction in populations of mice". In: "Biosocial mechanisms of population regulation". M. N. Cohen, R. S. Malpass and H. G. Klein. New Haven, Yale University Press: 3-22.

Louttit, C. M. (1927). "Reproductive behavior of the Guinea pig. I. The normal mating behavior." Journal of Comparative Psychology 7: 247-265.

Louttit, C. M. (1929a). "Reproductive behavior of the Guinea pig. II. The ontogenesis of the reproductive behavior pattern." Journal of Comparative Psychology 9: 293-304.

Louttit, C. M. (1929b). "Reproductive behavior of the Guinea pig. III. Modification of the behavior pattern." Journal of Comperative Psychology 9: 305-315.

Lozán, J. (1992). "Angewandte Statistik für Naturwissenschaftler". Berlin, Verlag Paul Parey.

Lummaa, V., J. Merila and A. Kause (1998). "Adaptive sex ratio variation in pre-industrial human (Homo sapiens) populations?" Proc. R. Soc. Lond. B 265: 563-568.

Madeja, U. D. and B. Maspfuhl (1989). "Psychopathological aspects of abortion and preterm delivery." Zentralblatt für Gynäkologie 111: 678-685.

Magarinos, A., B. McEwen, G. Flugge and E. Fuchs (1996). "Chronic psychosocial stress causes apical dendritic atrophy of hippocampus CA3 pyramidal neurons in subordinate tree shrews." Journal of Neuroscience 16(10): 3534-3540.

Malkin, R. A., E. J. N. and P. N. F. (1998). "Improved Guinea pig model of cardiac tachyarrhythmias." Laboratory Animal Science **48**(1): 55-60.

Manser, C. E. (1992). "The assessment of stress in laboratory animals". Cambridge, RSPCA.

Manuck, S., A. Marsland, J. Kaplan and J. Williams (1995). "The pathogenicity of behavior and its neuroendocrine mediation: An example from coronary artery disease." Psychosomatic Medicine **57**: 275-283.

Manuck, S. B., J. R. Kaplan, M. R. Adams and T. B. Clarkson (1989). "Behaviorally elicited heart rate reactivity and atherosclerosis in female cynomolgus monkeys (Macaca fascicularis)." Psychosomatic Medicine **51**: 306-318.

Manuck, S. B., J. R. Kaplan and T. B. Clarkson (1983). "Social instability and coronary artery atherosclerosis in cynomolgus monkeys." Neuroscience and Biobehavioral Reviews **7**: 485-491.

Marchlewska-Koj, A. (1997). "Sociogenic stress and rodent reproduction." Neuroscience and Biobehavioral Reviews **21**: 699-703.

Martin, P. and P. Bateson (1994). "Measuring behaviour". Cambridge, Cambridge University Press.

Martinez, M., A. Calvotorrent and M. A. Picoalfonso (1998). "Social defeat and subordination as models of social stress in laboratory rodents: A review." Aggressive Behavior **24**: 241-256.

Mason, J. W. (1971). "A reevaluation of the concept of "non specifity" in stress theory." J. psychiatr. Res. **8**: 323-333.

Mason, J. W. (1975a). "A historical view of the stress field." Journal of Human Stress **March 75**: 6-12.

Mason, J. W. (1975b). "A historical view of the stress field Part II." Journal of Human Stress **June 75**: 22-36.

Mayr, E. (1961). "Cause and effect in biology." Science **134**: 1501-1506.

Mayr, E. (1997). "This is biology". New York, Belknap Press.

McEwen, B. and E. Stellar (1993). "Stress and the individual. Mechanisms leading to disease." Archives of Internal Medicine **153**: 2093-2101.

McEwen, B. S. (1998). "Protective and damaging effects of stress mediators." New England Journal of Medicine **338**(3): 171-179.

McNamara, J. M. and A. I. Houston (1996). "State-dependent life-histories." Nature **380**: 215-221.

Meisel, R. L., T. C. Hays, S. N. Del Paine and V. R. Luttrell (1990). "Induction of obesity by group housing in female Syrian hamsters." Physiology & Behavior **47**: 815-817.

Mendl, M., A. J. Zanella and D. M. Broom (1992). "Physiological and reproductive correlates of behavioural strategies in female domestic pigs." Animal Behaviour **44**: 1107-1121.

Mepham, T. B. and N. F. G. Beck (1973). "Variation in the yield and composition of milk throughout lactation in the Guinea-pig." Comparative Biochemistry and Physiology **45A**: 273-281.

Metha, C. R., N. R. Patel and A. A. Tsiatis (1984). "Exact significance testing to establish treatment equivalence with ordered categorical data." Biometrics **40**: 819-825.

Metha, C. R., N. R. Patel and L. J. Wei (1988). "Constructing exact significance tests with restricted randomization rules." Biometrika **75**(2): 295-302.

Moberg, G. (1985). "Animal stress". Bethesda, American Physiological Society.

Moore, D. H. and B. L. Gledhill (1988). "How large should my study be so that I can detect an altered sex ratio?" Fertility and Sterility **50**: 21-25.

Munck, A., P. M. Guyre and N. J. Holbrook (1984). "Physiological functions of glucocorticosteroids in stress and their relation to pharmacological actions." Endocrine Reviews **5**(1): 25-44.

Mykytowycz, R. and P. J. Fullagar (1973). "Effect of social environment on reproduction in the rabbit, Oryctolagus cuniculus (L.)." Journal of Reproduction and Fertility Suppl. **19**: 503-522.

Nicol, T. (1933). "Studies on the reproductive system in the Guinea-pig: Variations in the estrous cycle in the virgin animal, after parturition, and during pregnancy." Proc. Roy. Soc. **53**: 220-238.

Nuckolls, K. B., J. Cassel and B. H. Kaplan (1972). "Psychosocial assets, life crisis, and the prognosis of pregnancy." American Journal of Epidemiology **95**: 431-441.

Oakley, A., L. Rajan and A. Grant (1990). "Social support and pregnancy outcome." Brit. J. Obstet. Gynaecol. **97**: 155-162.

O'Hare, T. and F. Creed (1995). "Life events and miscarriage." British Journal of Psychiatry **167**: 799-805.

Oldigs, B., M. C. Schlichting and E. Ernst (1992). "Untersuchungen zum Gruppieren von Sauen". In: "Aktuelle Arbeiten zur artgemäßen Tierhaltung 1991". KTBL. Münster, KTBL-Schriftenvertrieb. **351**: 109-120.

Packard, J. M. and L. D. Mech (1980). "Population regulation in wolves". In: "Biosocial mechanisms of population regulation". M. N. Cohen, R. S. Malpass and H. G. Klein. New Haven, Yale University Press: 135-150.

Raberg, L. M., D. Grahn, E. Hasselquist and E. Svensson (1998). "On the adaptive significance of stress-induced immunosuppression." Proc. R. Soc. Lond. B **265**: 1637-1641.

Rabin, D., P. W. Gold, A. Margioris and G. P. Chrousos (1988). "Stress and reproduction: Physiologic and pathophysiologic interactions between the stress and reproductive axis". In: "Mechanisms of physical and emotional stress". G. P. Chrousos, D. L. Loriaux and P. W. Gold. New York, Plenum Press: 377-387.

Raffel, M. (1997). "Allokation auf Wachstum und Reproduktion bei weiblichen Hausmeerschweinchen (Cavia aperea f. porcellus)". Dissertation Lehrstuhl Verhaltensforschung, Universität Bielefeld. Bielefeld.

Raffel, M., F. Trillmich and A. Höner (1996). "Energy allocation in reproducing and non-reproducing Guinea pig (Cavia porcellus) females and young under ad libitum conditions." J. Zool. Lond. **239**: 437-452.

Rigaudiere, N., G. Pelardy, A. Robert and P. Delost (1976). "Changes in the concentrations of testosterone and androstenedione in the plasma and testis of the Guinea-pig from birth to death." J. Reprod. Fert. **48**: 291-300.

Rodriguez Echandia, E. L., A. S. Gonzalez, R. Cabrera and L. N. Fracchia (1988). "A further analysis of behavioral and endocrine effects of unpredictable chronic stress." Physiology & Behavior **43**: 789-795.

Roff, D. A. (1992). "The evolution of life histories". London, Chapman & Hall.

Rogers, J. B. (1951). "The aging process in the Guinea pig." J. Gerontol. **6**: 13-16.

Rood, J. P. (1972). "Ecological and behavioural comparisons of three genera of Argentine cavies." Anim. Behav. Monogr. **5**: 1-83.

Sachs, L. (1997). "Angewandte Statistik". Berlin, Springer.

Sachser, N. (1986). "Different forms of social organization at high and low population densities in Guinea pigs." Behavior **97**: 253-272.

Sachser, N. (1987). "Short-term responses of plasma norepinephrine, epinephrine, glucocorticoid and testosterone titers to social and non-social stressors in male Guinea pigs of different social status." Physiology & Behavior **39**: 11-20.

Sachser, N. (1990). "Social organization, social status, behavioural strategies and endocrine responses in male Guinea pigs". In: "Hormones, brain and behaviour in vertebrates. 2. behavioural activation in males and females - social interaction and reproductive endocrinology". J. Balthazart. Basel, Karger: 176-187.

Sachser, N. (1998). "Of domestic and wild Guinea pigs: Studies in sociophysiology, domestication, and social evolution." Naturwissenschaften **85**: 307-317.

Sachser, N. and R. Beer (1995). "Long-term influences of social situation and socialization on adaptability in behaviour". In: "Research and Captive Propagation". U. Gansloßer, K. Hodges and W. Kaumanns. Fürth, Filander Verlag: 207-214.

Sachser, N., R. Beer, M. Dürschlag, D. Hirzel and K. Stanzel (1993). "Die Biologie sozialer Bindungen beim Hausmeerschweinchen". 11. Tagung Entwicklungspsychologie, Osnabrück.

Sachser, N., M. Dürschlag and D. Hirzel (1998). "Social relationships and the management of stress." Psychoneuroendocrinology **23**(8): 891-904.

Sachser, N. and H. Hendrichs (1982). "A longitudinal study on the social structure and its dynamics in a group of Guinea pigs (Cavia aperea f. porcellus)." Säugetierkundliche Mitteilungen **30**: 227-240.

Sachser, N. and C. Lick (1989). "Social stress in Guinea pigs." Physiology & Behavior **46**: 137-144.

Sachser, N. and C. Lick (1991). "Social experience, behavior, and stress in Guinea pigs." Physiology & Behavior **50**: 83-90.

Sachser, N., C. Lick, R. Beer and R. Weinandy (1992). "Tagesgang von Serum-Hormonkonzentrationen und ethologischen Parametern bei Hausmeerschweinchen." Verh. Deutsch. Zool. Ges. **120**: 120.

Sachser, N., C. Lick and K. Stanzel (1994). "The environment, hormones, and aggressive behaviour: A 5-year-study in Guinea pigs." Psychoneuroendocrinology **19**: 697-707.

Sackett, D. P., M. Oswald and J. Erwin (1975). "Aggression among captive female pigtail monkeys in all-female and harem groups." J. Biol. Psychol. **17**: 17-20.

Sade, D. S. (1980). "Population biology of free-ranging rhesus monkeys on Cayo Santiago, Puerto Rico". In: "Biosocial mechanisms of population regulation". M. N. Cohen, R. S. Malpass and H. G. Klein. New Haven, Yale University Press: 171-188.

Saltzman, W., N. J. Schultz-Darken, F. H. Wegner, D. J. Wittwer and D. H. Abbott (1998). "Suppression of cortisol levels in subordinate female marmosets: reproductive and social contributions." Hormones and Behavior **33**: 58-74.

Sapolsky, R. M. (1983). "Endocrine aspects of social instability in the olive baboon (Papio anubis)." American Journal of Primatology **5**: 365-379.

Sapolsky, R. M. (1987). "Stress, social status, and reproductive physiology in free-living baboons". In: "Psychobiology of reproductive behavior. An evolutionary perspective". D. Crews. New York, Prentice Hall: 291-322.

Sapolsky, R. M. (1991). "Do glucocorticoid concentrations rise with age in the rat?" Neurobiology of Aging **13**: 171-174.

Sapolsky, R. M. (1992). "Cortisol concentrations and the social significance of rank instability among wild baboons." Psychoneuroendocrinology **17**: 701-709.

Sapolsky, R. M. (1993). "The physiology of dominance in stable versus unstable social hierarchies". In: "Primate social conflict". W. A. Mason and S. P. Mendoza. Albany, State University of New York Press: 171-204.

Sapolsky, R. M. (1996). "Stress, glucocorticoids, and damage to the nervous system: The current state of confusion." Stress **1**: 1-19.

Sapolsky, R. M. (1998). "Why zebras don't get ulcers". New York, Freeman and Company.

Sapolsky, R. M., H. Uno, C. S. Rebert and C. E. Finch (1990). "Hippocampal damage associated with prolonged glucocorticoid exposure in primates." The Journal of Neuroscience **10**(9): 2897-2902.

Schuhr, B. (1987). "Social structure and plasma cortisol level in female albino mice." Physiology & Behavior **40**: 689-693.

Seidl, D. C., H. C. Hughes, R. Bertolet and C. M. Lang (1979). "True pregnancy toxemia (preeclampsia) in the Guinea pig (Cavia porcellus)." Laboratory Animal Science **29**: 472-478.

Selye, H. (1936). "A syndrome produced by diverse nocious agents." Nature **138**: 32.

Selye, H. (1973). "The evolution of the stress concept." American Scientist **61**: 692-699.

Selye, H. and B. Tuchweber (1976). "Stress in relation to aging and disease". In: "Hypothalamus, pituitary and aging". A. V. Everitt and J. A. Burgess. Springfield, Ill., Charles C. Thomas: 547-552.

Sherman, P. W., J. U. Jarvis and S. H. Baude (1996). "Die enge Gemeinschaft der Nacktmulle". In: "Biologische Vielfalt". B. König and K. E. Linsenmair. Berlin, Spektrum akademischer Verlag: 124-132.

Siegel, S. (1987). "Nichtparametrische statistische Methoden". Eschborn, Fachbuchhandlung für Psychologie. Verlagsabteilung.

Slochower, J., S. P. Kaplan and L. Mann (1981). "The effects of life stress and weight on mood and eating." Appetite **2**: 115-125.

Sokal, R. R. and F. J. Rohlf (1995). "Biometry". New York, W.H. Freeman and Company.

Stearling, P. and J. Eyer (1988). "Allostasis: A new paradigm to explain arousal pathology". In: "Handbook of Life Stress, Cognition and Health". S. Fisher and J. Reason. Chichester, John Wiley & Sons: 629-649.

Stearns, S. (1976). "Life-history tactics: A review of the ideas." The Quarterly Review of Biology **51**: 3-47.

Stearns, S. C. (1992). "The evolution of life histories". Oxford, Oxford University Press.

Stearns, S. C. and J. C. Koella (1986). "The evolution of phenotypic plasticity in life-history traits: Predictions of reaction norms for age and size at maturity." Evolution **40**: 893-913.

Stefanski, V., H. Hendrichs and H. G. Ruppel (1989). "Social stress and activity of the immune system in Guinea pigs." Naturwissenschaften **76**: 225-226.

Stockard, C. R. and G. N. Papanicolaou (1919). "The vaginal closure membrane, copulation, and the vaginal plug in the Guinea-pig, with further considerations of the estrous rhythm." Biol. Bull. **37**: 222-245.

Terman, C. R. (1980). "Behavior and regulation of growth in laboratory populations of prairie deermice". In: "Biosocial mechanisms of population regulation". M. N. Cohen, R. S. Malpass and H. G. Klein. New Haven, Yale University Press: 23-36.

Thyen, Y. and H. Hendrichs (1990). "Differences in behavior and social organization of female Guinea pigs as a function of the presence of a male." Ethology **85**: 25-34.

Tinbergern, N. (1963). "On aims and methods of Ethology." Zeitschrift für Tierpsychologie **20**(4): 410-433.

Toates, F. (1995). "Stress. Conceptual and biological aspects". Chichester, Wiley & Sons.

Trivers, R. L. and D. E. Willard (1973). "Natural selection of parental ability to vary the sex ratio of offspring." Science **179**: 90-92.

Tuchscherer, M., B. Puppe, A. Tuchscherer and E. Kanitz (1998). "Effects of social status after mixing on immune, metabolice and endocrine responses in Pigs." Physiology & Behavior **64**: 353-360.

Uno, H., S. Eisele, A. Sakai, S. Shelton, E. Baker, O. DeJesus and J. Holden (1994). "Neurotoxicity of glucocorticoids in the primate brain." Hormones and Behavior **28**: 336-348.

Uno, H., R. Tarara, J. Else, M. Suleman and R. M. Sapolsky (1989). "Hippocampal damage associated with prolonged and fatal stress in primates." Journal of Neuroscience **9**(5): 1705-1711.

Ur, E., A. Grossman and J. Despres (1996). "Obesity results as a consequence of glucocorticoid induced leptin resistance." Hormones and Metabolic Research **28**: 744-747.

von Bertalanffy, L. (1960). "Principles and theory of growth". In: "Fundamental aspects of normal and malignant growth". W. W. Nowinski. Amsterdam, Elsevier Publishing Co: 137-259.

von Holst, D. (1969). "Sozialer Sress bei Tupajas (Tupaia belangeri). Die Aktivierung des sympathischen Nervensystems und ihre Beziehung zu hormonal ausgelösten ethologischen und physiologischen Veränderungen." Z. vergl. Physiologie **63**: 1-58.

von Holst, D. (1977). "Social stress in tree-shrews: Problems, results, and goals." J. comp. Physiol. **120**: 71-86.

von Holst, D. (1985). "Coping behaviour and stress physiology in male tree shrews (Tupaia belangeri)." Fortschritte der Zoologie **31**: 461-470.

von Holst, D. (1986). "Psychosocial stress and its pathophysiological effects in tree shrews (Tupaia belangeri)". In: "Biological and psychological factors in cardiovascular disease". T. H. Schmidt, T. M. Dembroski and G. Blümchen, Springer: 476-489.

von Holst, D. (1991). "Zoologische Grundlagenforschung: ihre Bedeutung für Tier- und Artenschutz". 23. Hohenheimer Umwelttagung, Hohenheim.

von Holst, D. (1998). "The concept of stress and its relevance for animal behavior". In: "Stress and Behavior". A. P. Moller, M. Milinski and P. J. B. Slater. San Diego, Academic Press. **27**: 1-131.

von Holst, D., E. Fuchs and W. Stöhr (1983). "Physiological changes in male Tupaia belangeri under different types of social stress". In: "Biobehavioral basis of coronary heart disease". T. M. Dembrowski, T. H. Schmidt and G. Blümchen. Basel, Karger: 382-390.

Wagner, J. E. and P. J. Manning (1976). "The biology of the Guinea pig". New York, Academic Press.

Wasser, S. K. and D. P. Barash (1983). "Reproductive suppression among female mammals: Implications for biomedicine and sexual selection theory." Q. Rev. Biol. **58**: 513-538.

Weiner, H. (1992). "Perturbing the organism. The biology of stressful experience". Chicago, The University of Chicago Press.

Weiss, J. M. (1972). "Psychological factors in stress and disease." Scientific American **226**: 104-113.

Weiss, J. M. (1984). "Behavioral and psychological influences on gastrointestinal pathology: Experimental techniques and findings". In: "Handbook of Behavioral Medicine". W. D. Gentry. New York, The Guilford Press: 174-221.

Whitten, W. K. (1958). "Modification of the oestrus cycle of the mouse by external stimuli associated with the male." Journal of Endocrinology **17**: 307-313.

Wilson, E. O. (1975). "Sociobiology. The new synthesis". New York, Belknap Press of Harvard University Press.

Wingfield, J. C., D. L. Maney, C. W. Breuner, P. K. Honey, J. D. Jacobs, S. Lynn, M. Ramenofsky and R. D. Richardson (1998). "Ecological bases of hormone-behavior interactions: The "emergency life history stage"." American Zoologist **38**: 191-206.

Wise, D. A., N. L. Eldred, J. Mcaffee and A. Lauber (1985). "Litter deficits of socially stressed and low status hamster dams." Physiology & Behavior **35**: 775-777.

Yasukawa, N. J., H. Monder, F. R. Leff and J. J. Christian (1985). "Role of female behavior in controlling population growth in mice." Aggressive Behavior **11**: 49-64.

Young, W. C., E. W. Dempsey and H. I. Myers (1935). "Cyclic reproductive behavior in the female Guinea pig." Journal of Comparative and Physiological Psychology **19**: 313-335.

VIII Anhang

VIII.1 Voruntersuchungen

Der Versuchsaufbau der vorliegenden Arbeit resultiert aus den Erkenntnissen von Voruntersuchungen, die ich von Februar 1991 bis Januar 1996 durchführte. Deren Ergebnisse werden gegenwärtig zur Publikation vorbereitet.

Kernpunkt der Voruntersuchungen über die Auswirkungen instabiler sozialer Umwelten auf weibliche Hausmeerschweinchen, waren Gruppen, die aus je einem Männchen und je sechs Versuchsweibchen bestanden und deren soziale Stabilität durch den regelmäßigen Austausch von Männchen oder Weibchen gestört wurde. In den entsprechenden Kontrollgruppen wurden keine Tiere umgesetzt. Jeweils ein Geschwister eines Drillingswurfes wurde in eine Gruppe gesetzt deren Männchen oder deren Weibchen ausgetauscht wurden, das dritte Geschwister diente als Kontrolle. Weitere stabile Gruppen ohne Männchen dienten der Kontrolle des Einflusses der Trächtigkeit auf die gemessenen Variablen. Die Untersuchung einer großen Anzahl von Tieren in nur 15 Gruppen wurde möglich durch das in größeren Abständen stattfindende regelmäßige Ersetzen der jeweils ältesten Weibchen durch neue 20-tägige Versuchstiere. Auf diese Weise wurden die Gruppen in einer Art „steady state" gehalten, bei dem sich immer die gleiche Tierzahl mit gestaffelter Altersstruktur in einem Gehege befand und ich konnte innerhalb von fünf Jahren 555 Weibchen untersuchen.

Reproduktion und Gewichtsentwicklung eines jeden Weibchens wurde vom Einsetzen im Entwöhnungsalter von 20 Tagen bis zum adulten Alter von ca. 300 Tagen untersucht. Insgesamt wurden über 3000 Jungtiere in ca. 1200 Würfen geboren, die jeweils bis zu ihrem 20. Lebenstag - ebenso wie ihre Mütter - zweimal wöchentlich gewogen wurden. Insgesamt ca. 660 Stunden direkte oder mit Videorecordern aufgezeichnete Verhaltensbeobachtungen dienten der Bestimmung der sozialen Positionen der Weibchen in ihren Gruppen.

Die Ergebnisse dieser Untersuchung waren unerwartet und widersprüchlich: Das mittlere Geburtsgewicht der Jungtiere von Versuchsweibchen war höher als bei Kontrollweibchen. Zwar warfen Weibchen in einigen instabilen Gruppen später als entsprechende Kontrollen; aber Weibchen, die in einer instabilen sozialen Umwelt lebten, bekamen entgegen den Erwartungen teilweise größere Würfe als Weibchen aus stabilen Gruppen. Die Jungtiermortalität in stabilen Gruppen war unerwarteterweise teilweise höher als in instabilen Gruppen. Der Austausch des Männchens schien keine negativen Auswirkungen auf die Reproduktion der Weibchen zu haben.

Diese nicht eindeutig interpretierbaren Ergebnisse der Reproduktionsvariablen hätten Anpassungen der Weibchen an ihre veränderte Umwelt sein können. Diese Hypothese ließ sich jedoch nur in dem zweiten - in dieser Arbeit dargestellten - lebenslangen Versuch untersuchen.

VIII.2 Methode zur Messung der Herzschlagfrequenz

Die von mir entwickelte Methode zur nichtinvasiven Messung der Herzschlagfrequenz (Beer 1998) sollte folgende Anforderungen erfüllen:

Viele Tiere mußten an einem Tag jeweils innerhalb möglichst kurzer Zeit untersucht werden und die Messung mußte vollkommen standardisiert vorgenommen werden. Außerdem sollte die Störung der Tiere möglichst gering ausfallen. Die Standardisierung bezog sich nicht nur auf jeweils identische Umstände, sondern auch darauf, daß die Tiere während der Messung nicht festgehalten oder durch den Untersucher direkt berührt und damit möglicherweise beeinflußt werden durften.

Die untersuchten Tiere waren mit der täglichen Prozedur des Wiegens und der Vaginalkontrolle so vertraut, daß sie beim Ergreifen weder flohen, noch sonstige Abwehrbewegungen machten. Um die Störung der Tiere durch die Herzfrequenzmessung zu vermeiden, wurde diese Prozedur als Ausgangspunkt für die Herzschlagfrequenzmessung genommen. Der Kopf eines elektronischen Stethoskops (Bosch, Stuttgart) wurde so in die Wiegewanne eingebaut, daß er sich direkt unter dem Brustkorb des Meerschweinchens befand (vgl. Abbildung 3 und Abbildung 64). Durch eine von unten zugängliche Einstellmöglichkeit konnte der Meßkopf immer in eine optimale Position gebracht werden ohne das Tier mit der Hand zu berühren. Die elektronisch verstärkten Herztöne und die Tieridentifikation wurden mit einem Diktiergerät (Sanyo, Japan) aufgenommen, das in zwei Geschwindigkeiten betrieben werden konnte (vgl. Abbildung 64).

In einer Voruntersuchung an anderen Tieren stellte sich eine Messperiode von 30 s als ausreichend heraus, um reproduzierbare Ergebnisse zu erhalten. Die Auswertung der Herzfrequenzaufnahmen wurde halbautomatisch mithilfe des Programmes „The Observer" (Noldus Information Technology, The Netherlands) durchgeführt: Die Herztöne wurden mit halber Aufnahmegeschwindigkeit abgespielt, während eine trainierte Person synchron mit den Tönen eine Taste am Computer drückte, bis das Programm nach 60 s automatisch endete. Die Reliabilität mehrfach durchgeführter Auswertungen der Tonbänder war für eine trainierte Person größer als 95%.

Die Messungen erfolgten jeweils am Samstag und Sonntag, weil an diesen Tagen Störungen nur minimal auftraten. Aus den beiden Werten wurde dann je ein Mittelwert pro Tier berechnet.

Abbildung 64: Die Apparatur zur Messung der Herzschlagfrequenz.

Da während der 10-wöchigen Messperiode festgestellt wurde, daß sich die Herzfrequenz mit der Dauer der Trächtigkeit deutlich erhöht, bzw. nach der Geburt wieder abfällt, wurde dies beim Vergleich der Werte von Tieren unterschiedlicher Behandlung berücksichtigt (vgl. Abbildung 65).

Die Messungen nicht trächtiger Kontrollweibchen waren in guter Übereinstimmung mit Literaturwerten telemetrischer Messungen (Fara and Catlett 1971; Wagner and Manning 1976; De Pasquale et al. 1994; Malkin et al. 1998).

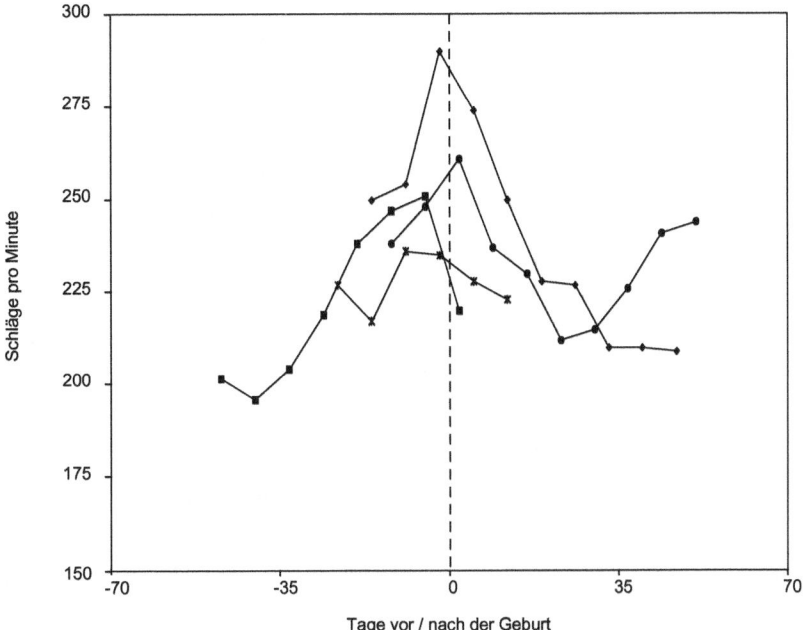

Abbildung 65: Verlauf der Herzschlagfrequenz von vier trächtigen Kontrollweibchen, normiert auf den Zeitpunkt der Geburt. Deutlich ist der Anstieg der Herzschlagfrequenz im Verlauf der Trächtigkeit bis zur Geburt (Tag 0) zu sehen.

VIII.3 Methode zur Erfassung und Auswertung räumlicher Daten

Um objektive Daten zur Raumnutzung und zum räumlichen Sozialverhalten der Tiere zu erhalten, wurden sämtliche Videoaufzeichnungen ein zweites Mal ausgewertet, wobei für jedes Tier in Minutenabständen sein Aufenthaltsort bestimmt wurde. Die verwendete halbautomatische Methode ist eine Weiterentwicklung der in Beer (1996) beschriebenen Methode.

Das von mir für IBM-kompatible Computer und Microsoft Windows entwickelte System besteht aus einer Hardware- (Grafikkarte „SPEA Mirage Video TV", SPEA Starnberg) und mehreren Softwarekomponenten („SPEA Videotreiber", „Microsoft Medienwiedergabe", „WinDIG" Ver. 2.5, „Microsoft Excel").

Ein von einem handelsüblichen Videorecorder geliefertes Videosignal wird mithilfe einer Framegrabber-Karte oder einer anderen videooverlayfähigen Video- oder TV-Karte und zugehörigen Treibern in einem Fenster auf dem Computerbildschirm dargestellt. Weiterhin wird ein Digitizer-Programm („WinDIG" Ver. 2.5, D. Lovy, Genevre) gestartet, das normalerweise der Erfassung von Messwerten auf gescannten Vorlagen dient. Das Auswertungsfenster und die Programmeinstellungen von WinDIG werden so gewählt, daß das auszuwertende Gehege vollständig dargestellt wird (vgl. Abbildung 66). Dies wird durch das Laden eines Phantombildes in den Default-Farben des Overlayverfahrens erreicht. Als nächstes wird mit der Mouse ein Koordinatensystem entlang der Gehegewände eingezeichnet und skaliert. Hierdurch werden perspektivische Verzerrungen berücksichtigt und der Maßstab für die Umrechnung von Bildschirm- in Real-Koordinaten festgelegt. Die eigentliche Erfassung der Ortsdaten kann nun durch einen doppelten Mouse-click erfolgen. Die x und y Koordinaten der jeweils angeklickten Punkte werden daraufhin automatisch gespeichert. In minütlichen Abständen wurde auf diese Weise die Position der Körpermitte jedes Tieres bestimmt (je 1440 Punkte pro Tier in 24h).

Der systematische Messfehler wurde durch eine zweite Auswertung einer kompletten Beobachtung ermittelt: Die mittlere Abweichung betrug 2 cm in der Realität.

Anhang 167

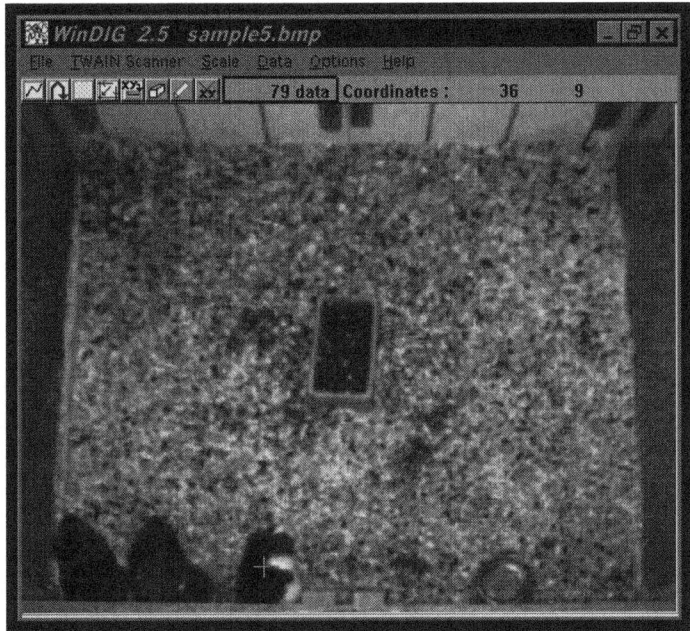

Abbildung 66: Screenshot des Programmes zur Erfassung der Ortsdaten. In dem Beispielbild (die Bilder der Infrarotkamera waren schwarz-weiß) werden gerade die Daten des rechten Tieres erfaßt.

Diese Koordinaten wurden als ASCII-Datei in ein von mir erstelltes Auswertungsprogramm (Zusatzprogramm für Microsoft „Excel") eingelesen, das für jedes Tier folgende Parameter automatisch berechnen konnte:

Lokomotorische Aktivität: pro Zeiteinheit zurückgelegte Strecke

Raumnutzung: Zeit, die in bestimmten Zonen verbracht wurde, bzw. mit welchem Verhalten (durch die Kombination von Daten aus der „The Observer"-Verhaltensauswertung). Präferenzen. Abstand zu festen Punkten innerhalb des Geheges (Wasser, Ecke, Futter, Wand).

Charakterisierung von sozialen Beziehungen:

Nearest neighbour: Welches Tier ist das nähste zum Fokustier.

Abstand zwischen 2 Tieren, auch während bestimmter Verhaltensweisen: Welchen Abstand haben die Tiere A und B von einander wenn A liegt? (durch die Kombination von Daten aus der The Observer-Auswertung)

Annähern: Distanzverringerung um mehr als 2 cm in zwei aufeinander folgenden Messungen. Das Tier das dabei die größere Entfernung zurückgelegt hat, nähert sich an.

Separation: Distanzvergrößerung um mehr als 2 cm in zwei aufeinander folgenden Messungen. Das Tier das dabei die größere Entfernung zurückgelegt hat, entfernt sich.

Da allein aus den auf diese Weise festgestellten Häufigkeiten von Annäherungen oder Separationen nicht auf den affiliativen Grad einer Beziehung geschlossen werden kann, muß ein kombiniertes Maß die Aktivität der beiden Tiere berücksichtigen. In Anlehnung an Hinde and Atkinson (1970) habe ich dafür folgendes Maß definiert:

Affiliationsindex AI:

Dieser Index gibt für jede beliebige Dyade von Tieren an, zu welchem Ausmaß jeweils ein Tier für die festgestellte mittlere Distanz verantwortlich ist. Es handelt sich dabei um die Differenz der relativen Häufigkeiten von Annäherung und Separation der beiden Tiere.

$AI_{1->2} = A_{1->2} / (A_{1->2} + A_{2->1}) - S_{1->2} / (S_{1->2} + S_{2->1})$

$AI_{2->1} = - AI_{1->2}$

$AI_{1->2}$: Affiliationsindex für die Dyade aus Tier 1 und Tier 2.

$A_{1->2}$: Häufigkeit mit der sich Tier 1 an Tier 2 annähert.

$A_{2->1}$: Häufigkeit mit der sich Tier 2 an Tier 1 annähert.

$S_{1->2}$: Häufigkeit mit der sich Tier 1 von Tier 2 entfernt.

$S_{2->1}$: Häufigkeit mit der sich Tier 2 von Tier 1 entfernt.

Der Wert von $AI_{1->2}$ kann von -1 (nur Tier 2 ist für die Einhaltung der Distanz verantwortlich) bis 1 (nur Tier 1 ist für die Einhaltung der Distanz verantwortlich) betragen. Ein Wert von 0 besagt, daß beide Tiere zu gleichen Teilen für die Einhaltung der Distanz verantwortlich sind.

Die Kombination von Ortsdaten mit Auswertungen aus dem Programm zur Verhaltensauswertung („The Observer") wurde durch ein spezielles minütliches Auswertungprotokoll ermöglicht, welches ich nach Import in das „Excel"-Programm mittels logischer Operatoren mit den Ergebnissen der Ortsdaten kombinieren konnte.

Dank

Großen Dank schulde ich Prof. Dr. D. von Holst für die Bereitstellung großzügiger Tierhaltungs- und technischer Ausstattung und die Bereitschaft, ein so langfristiges Projekt zu unterstützen. Dank auch für sein Vertrauen in mich, Lehre, Netzwerkbetreuung und Forschung gleich gut unter einen Hut zu bekommen.

Ein langjähriger Versuch, bei dem tägliche verläßliche und fachmännische Tierpflege notwendig ist, wäre ohne zahlreiche Helfer - die, wenn ich krank wurde, auch mal sehr kurzfristig einsprangen - nicht möglich gewesen. Dafür danke ich (in alphabetischer Reihenfolge) K. Bayer, H. Bertelsmann, E. Buchholz, M. Dürschlag, P. Hempfling, G. Hornschuh, K.-H. Pöhner, A. Rettelbach, U. Schnißke, Dr. K. Stanzel, I. Thienenkamp und denen, die ich jetzt vergessen habe.

Für Rat und Tat in endokrinologischen Fragen danke ich Dr. M. Fenske, I. Zrenner-Fritzsche und J. Wiechmann. Auch allen anderen Mitarbeitern des Lehrstuhles Tierphysiologie danke ich für die gute Zusammenarbeit.

L. Noldus und seinem Team danke ich für den ausgezeichneten Support. D. Lovy danke ich für die Überlassung der neuesten Version seines Programmes WinDIG.

Den Teilnehmern des alljährlich stattfindenden Workshops Gruppenmechanismen in Seewiesen und vor allem dessen Organisator Prof. Dr. J. Lamprecht danke ich für zahlreiche sehr anregende Diskussionen.

Besonders anregend waren für mich zahlreiche Gespräche mit Prof. Dr. N. Sachser und Prof. Dr. D. von Holst, aber auch die Begegnungen mit Prof. Dr. J. Henry und Prof. Dr. S. Stearns und deren Anregungen haben mich inspiriert.

Von (nicht nur) fachlichen Diskussionen mit P. Albers, H. Dräxler, M. Dürschlag, P. Kätzke, M. Khaschei, Dr. C. Lick, Dr. V. Stefanski, Dr. C. Wiedenmayer aber auch mit den Diplomandinnen meiner Arbeitsgruppe E. Buchholz und I. Thienenkamp habe ich ebenfalls besonders profitiert.

Der Studienstiftung des Deutschen Volkes danke ich für ein Stipendium und das Vertrauen in meine gutachterlichen Fähigkeiten bei der Stipendiatenauswahl.

Meinen Eltern danke ich ganz besonders dafür, daß sie mir das Studium dieses faszinierenden Faches ermöglicht haben. Meiner Lebenspartnerin Uschi Schertenleib danke ich für ihr Verständnis und ihre Geduld ohne die ich diese Zeit nicht hätte durchstehen können.

„Wissenschaftliches Nachdenken ist wie tiefes Hineinschauen in den Vulkan. Faszinierend, aber unsereins sollte nicht die Balance verlieren."

C. Wiedenmayer

Erklärung

Hiermit versichere ich, daß ich diese Dissertation selbständig verfaßt und keine anderen als die von mir angegebenen Hilfsmittel benutzt habe. Weiterhin erkläre ich, daß ich weder diese, noch eine gleichartige Doktorprüfung an einer anderen Hochschule endgültig nicht bestanden habe.

Bayreuth, den 24. 6. 1999

Rüdiger Beer

www.ingramcontent.com/pod-product-compliance
Lightning Source LLC
Chambersburg PA
CBHW050214230526
45470CB00001B/383